国家出版基金项目
NATIONAL PUBLICATION FOUNDATION

商用飞机系统工程系列
主编 贺东风

商用飞机
确认与验证技术

Engineering Validation and Verification for Commercial Aircraft

邓金萍 朱 亮 戴露豪 张新宇 等 著

上海交通大学出版社
SHANGHAI JIAO TONG UNIVERSITY PRESS

内容提要

本书是"大飞机出版工程·商用飞机系统工程系列"之一。

本书的前半部分从需求工程理论的概念与定义出发，全面阐述了需求工程领域确认与验证技术的产生与发展、作用与价值，详细地总结归纳了相应的工业标准及其在航空领域的应用情况，同时对确认与验证的过程进行了具体的定义，以使读者对确认与验证的理论与方法有一个较为全面的认识。本书的后半部分着重于介绍商用飞机研制各个阶段的确认与验证活动，以及开展这些活动所需的资源与方法。该部分内容包括较多的图表，以便于工程人员在理解确认与验证理论、标准的基础上，掌握更多的实操经验，从而获得有效的设计参考。

本书可作为飞行器研制领域各类工程技术与项目管理人员的参考资料，也可供高等院校相关专业师生使用。

图书在版编目(CIP)数据

商用飞机确认与验证技术 / 邓金萍等著. —上海：
上海交通大学出版社，2023.6
（大飞机出版工程）
ISBN 978-7-313-28455-6

Ⅰ.①商… Ⅱ.①邓… Ⅲ.①民用飞机—研究 Ⅳ.
①V271

中国国家版本馆 CIP 数据核字(2023)第 110930 号

商用飞机确认与验证技术
SHANGYONG FEIJI QUEREN YU YANZHENG JISHU

著　　者：邓金萍　朱　亮　戴露豪　张新宇 等	
出版发行：上海交通大学出版社	地　　址：上海市番禺路 951 号
邮政编码：200030	电　　话：021-64071208
印　　制：上海颛辉印刷厂有限公司	经　　销：全国新华书店
开　　本：710 mm×1000 mm　1/16	印　　张：17.5
字　　数：261 千字	
版　　次：2023 年 6 月第 1 版	印　　次：2023 年 6 月第 1 次印刷
书　　号：ISBN 978-7-313-28455-6	
定　　价：116.00 元	

大飞机出版工程
丛书编委会

总 主 编

顾诵芬（中国航空工业集团公司科技委原副主任、中国科学院和中
国工程院院士）

副总主编

贺东风（中国商用飞机有限责任公司董事长）

林忠钦（上海交通大学原校长、中国工程院院士）

编 委 会

（按姓氏笔画排序）

王礼恒（中国航天科技集团公司科技委主任、中国工程院院士）

王宗光（上海交通大学原党委书记、教授）

任　和（中国商飞上海飞机客户服务公司原副总工程师、教授）

刘　洪（上海交通大学航空航天学院教授）

李　明（中国航空工业集团沈阳飞机设计研究所研究员、中国工程
院院士）

吴光辉（中国商用飞机有限责任公司首席科学家、C919飞机总设计

师、中国工程院院士）

汪　海（上海市航空材料与结构检测中心主任、研究员）

张卫红（西北工业大学副校长、中国科学院院士）

张新国（中国航空工业集团原副总经理、研究员）

陈迎春（中国商用飞机有限责任公司 CR929 飞机总设计师、研究员）

陈宗基（北京航空航天大学自动化科学与电气工程学院教授）

陈　勇（中国商用飞机有限责任公司工程总师、ARJ21 飞机总设计师、研究员）

陈懋章（北京航空航天大学能源与动力工程学院教授、中国工程院院士）

金德琨（中国航空工业集团公司原科技委委员、研究员）

赵越让（中国商用飞机有限责任公司原总经理、研究员）

姜丽萍（中国商用飞机有限责任公司制造总师、研究员）

曹春晓（中国航空工业集团北京航空材料研究院研究员、中国工程院院士）

敬忠良（上海交通大学航空航天学院教授）

傅　山（上海交通大学电子信息与电气工程学院研究员）

商用飞机系统工程系列
编 委 会

Propulsion（《飞机推进》）等国外最新科技的结晶；国内《民用飞机总体设计》等总体阐述之作和《涡量动力学》《民用飞机气动设计》等专业细分的著作；也有《民机设计 1000 问》《英汉航空缩略语词典》等工具类图书。

该套图书得到国家出版基金资助，体现了国家对"大型飞机"项目和"大飞机出版工程"这套丛书的高度重视。这套丛书承担着记载与弘扬科技成就、积累和传播科技知识的使命，凝结了国内外航空领域专业人士的智慧和成果，具有较强的系统性、完整性、实用性和技术前瞻性，既可作为实际工作指导用书，亦可作为相关专业人员的学习参考用书。期望这套丛书能够有益于航空领域里人才的培养，有益于航空工业的发展，有益于大飞机的成功研制。同时，希望能为大飞机工程吸引更多的读者来关心航空、支持航空和热爱航空，并投身于中国航空事业做出一点贡献。

2009 年 12 月 15 日

本书编委会

主　任

邓金萍　朱　亮

副主任

戴露豪　张新宇

成　员

（按姓氏笔画排序）

王　奕　方钧华　汤　超　李承立

李　翠　何　燕　张洁婧　陈冬生

周　涛　谭兆光

总　序

　　国务院在 2007 年 2 月底批准了大型飞机研制重大科技专项正式立项，得到全国上下各方面的关注。"大型飞机"工程项目作为创新型国家的标志工程重新燃起我们国家和人民共同承载着"航空报国梦"的巨大热情。对于所有从事航空事业的工作者，这是历史赋予的使命和挑战。

　　1903 年 12 月 17 日，美国莱特兄弟制作的世界第一架有动力、可操纵、比重大于空气的载人飞行器试飞成功，标志着人类飞行的梦想变成了现实。飞机作为 20 世纪最重大的科技成果之一，是人类科技创新能力与工业化生产形式相结合的产物，也是现代科学技术的集大成者。军事和民生对飞机的需求促进了飞机迅速而不间断的发展和应用，体现了当代科学技术的最新成果；而航空领域的持续探索和不断创新，为诸多学科的发展和相关技术的突破提供了强劲动力。航空工业已经成为知识密集、技术密集、高附加值、低消耗的产业。

　　从大型飞机工程项目开始论证到确定为《国家中长期科学和技术发展规划纲要》的十六个重大专项之一，直至立项通过，不仅使全国上下重视我国自主航空事业，而且使我们的人民、政府理解了我国航空事业半个多世纪发展的艰辛和成绩。大型飞机重大专项正式立项和启动使我们的民用航空进入新纪元。经过 50 多年的风雨历程，当今中国的航空工业已经步入了科学、理性的发展轨道。大型客机项目产业链长、辐射面宽、对国家综合实力带动性强，在国民经济发展和科学技术进步中发挥着重要作用，我国的航空工业迎来了新的发展机遇。

　　大型飞机的研制承载着中国几代航空人的梦想，造出与波音公司波音 737 和空客公司 A320 改进型一样先进的"国产大飞机"已经成为每个航空人心中奋斗的目标。然而，大型飞机覆盖了机械、电子、材料、冶金、仪器仪表、化工等几乎所有工业门类，集成数学、空气动力学、材料学、人机工程学、自动控制学等多种学科，是一个复杂的科技创新系统。为了迎接新形势下理论、技术和工程等方面的严峻挑战，迫切需要引入、借鉴国外的优秀出版物和数据资料，总结、巩固我们的经验和成果，编著一套以"大飞机"为主题的丛书，借以推动服务"大飞机"作为推动服务整个航空科学的切入点，同时对于促进我国航空事业的发展和加快航空紧缺人才的培养，具有十分重要的现实意义和深远的历史意义。

2008 年 5 月，中国商用飞机有限公司成立之初，上海交通大学出版社就开始酝酿"大飞机出版工程"，这是一项非常适合"大飞机"研制工作时宜的事业。新中国第一位飞机设计宗师——徐舜寿同志在领导我们研制中国第一架喷气式歼击教练机——歼教 1 时，亲自撰写了《飞机性能及算法》，及时编译了第一部《英汉航空工程名词字典》，翻译出版了《飞机构造学》《飞机强度学》，从理论上保证了我们的飞机研制工作。我本人作为航空事业发展 50 多年的见证人，欣然接受上海交通大学出版社的邀请担任该丛书的主编，希望为我国的"大飞机"研制发展出一份力。出版社同时也邀请了王礼恒院士、金德琨研究员、吴光辉总设计师、陈迎春副总设计师等航空领域专家撰写专著、精选书目，承担翻译、审校等工作，以确保这套"大飞机"丛书具有高品质和重大的社会价值，为我国的大飞机研制以及学科发展提供参考和智力支持。

编著这套丛书，一是总结整理 50 多年来航空科学技术的重要成果及宝贵经验；二是优化航空专业技术教材体系，为飞机设计技术人员的培养提供一套系统、全面的教科书，满足人才培养对教材的迫切需求；三是为大飞机研制提供有力的技术保障；四是将许多专家、教授、学者广博的学识见解和丰富的实践经验总结继承下来，旨在从系统性、完整性和实用性角度出发，把丰富的实践经验进一步理论化、科学化，形成具有我国特色的"大飞机"理论与实践相结合的知识体系。

"大飞机出版工程"丛书主要涵盖了总体气动、航空发动机、结构强度、航电、制造等专业方向，知识领域覆盖我国国产大飞机的关键技术。图书类别分为译著、专著、教材、工具书等几个模块；其内容既包括领域内专家们最先进的理论方法和技术成果，也包括来自飞机设计第一线的理论和实践成果。如：2009 年出版的荷兰原福克飞机公司总师撰写的 *Aerodynamic Design of Transport Aircraft*（《运输类飞机的空气动力设计》）；由美国堪萨斯大学 2008 年出版的 *Aircraft*

系列序

　　大型商用飞机项目是一项极其复杂的系统工程，是一个国家工业、科技水平和综合实力的集中体现。在当今全球经济环境下，飞机全生命周期活动是分布式的，从单个设计区域分配到各个供应商网络，到完成后返回进行最终产品集成。许多政治、经济和技术因素都影响其中的协作过程。在全球协作网络中，过程、方法和工具的紧密、高效整合是现代商用飞机型号项目成功的关键因素。商用飞机的研制需要将主制造商作为一个复杂系统，从企业层级统筹考虑产品系统的设计研发和生产制造，并将供应链管理也纳入系统工程的过程中，用系统工程的视角，组织、整合和利用现有资源，以更加快速、高效地开展企业的生产活动；同时需要在更大的范围内整合资源，将型号研制纳入全球民用航空运输系统的范畴中，以期生产出更优质的、更具竞争力的产品。通过开展基于系统工程的项目管理，对研制过程各要素进行整合，以满足客户及适航要求，利用有限的时间、经费等资源，打造一款飞行员愿意飞、乘客愿意坐、航空公司愿意买的飞机，是我国民用航空产业面临的主要挑战，同时也是实现项目商业成功和技术成功的必由之路。

　　经过几十年的发展，欧美工业界形成了《ISO/IEC 15288—2015：系统和软件工程——系统生命周期过程》等一系列系统工程工业标准；美国国家航空航天局、美国国防部、美国联邦航空局、美国海军和空军等都制订了本行业的系统工程手册；民用航空运输领域制订了 SAE ARP4754A《商用飞机与系统研制指南》等相关指南。同时，航空工业界也一直在开展系统工程实践，尤其是以波音 777 项目为代表，首次明确地按照系统工程方法组织人员、定义流程和建立文档规范，并通过组织设计制造团队，实现数字化的产品定义和预装配，从而较大地改进研制过程，提高客户满意度，降低研发成本。其后的波音 787 项目、空客 A350 项目更是进一步大量使用最新的系统工程方法、工具，为项目成功带来实实在在的好处。

　　目前，我国在系统工程标准方面，也制订了一些工业标准，但总的来说，还是缺乏一些针对特定领域（如商用飞机领域）的指南和手册，相较国外先进工业实践还存在一定的差距。通过新型涡扇支线飞机和大型干线客机两大型号的积累，我国商用飞机产业在需求管理、安全性分析、变更管理、系统集成与验证以及合格审

1

定等方面取得了长足进步，在风险管理、构型管理、供应链管理、项目组织建设等方面也进行了全面的探索，初步形成了以满足客户需求为目的，围绕产品全生命周期，通过产品集成与过程集成实现全局最优的技术和管理体系，并探索出适用商用飞机领域的系统工程是"以满足客户需求为目的，围绕产品全生命周期，通过产品集成与过程集成实现全局最优的一种跨专业、跨部门、跨企业的技术和管理方法"。

进入美国的再工业化、德国工业4.0、中国制造2025的时代，各制造强国和制造大国在新一轮工业革命浪潮下，都选择以赛博物理系统为基础，重点推进智能制造，进而实现工业的转型升级。其中一个重要的主题是要解决整个生命周期内工程学的一致性。要让现实世界和虚拟世界在各个层次融合，要在机械制造、电气工程、计算机科学领域就模型达成共识。因此，系统工程方法在这个新的时代变得尤为重要，是使产品、生产流程和生产系统实现融合的基础。对于我国航空工业而言，面对标准的挑战、数据安全的挑战、战略及商业模式的挑战、企业组织的挑战、过程管理的挑战、工具方法（SysML管理工具）的挑战、工业复杂性的挑战、系统工程人才培养与教育的挑战，积极推进系统工程，才能为在新一轮的工业革命中实现跨越式发展打好基础。

编著这套丛书，一是介绍国内外商用飞机领域先进的系统工程与项目管理理念、理论和方法，为我国航空领域人员提供一套系统、全面的教材，满足各类人才对系统工程和项目管理知识的迫切需求；二是将商用飞机领域内已有型号的系统工程与项目管理实践的重要成果和宝贵经验以及专家、学者的知识总结继承下来，形成一套科学化、系统化的理论知识体系；三是提供一套通用的技术概念，理清并定义商用飞机领域的所有接口，促进一系列技术标准的制订，推动系统工程和项目管理技术体系的形成，促进整个商用飞机产业工业化和信息化的深度融合。

"商用飞机系统工程"系列编委会由美国南加州大学、清华大学、浙江大学、上海交通大学、中国商用飞机有限责任公司等国内外高校和企业的航空界系统工程与项目管理领域的专家和学者组建而成，凝结了国内外航空界专业人士的智慧和成果。本系列丛书获得了2022年度国家出版基金的资助，说明了国家对大飞机事业的高度重视和认可。希望本系列丛书的出版能够达到预期的目标。在此，要感谢参与本丛书编撰工作的所有编著者以及所有直接或间接参与本丛书审校工作的专家、学者的辛勤工作；也向上海交通大学出版社大飞机出版中心的各位编辑表示感谢，他们为本系列丛书的出版做了大量工作。最后，希望本丛书能为商用飞机产业中各有关单位系统工程能力的提升做出应有的贡献。

（贺东风　中国商用飞机有限责任公司董事长）

序

　　系统工程的起源可以追溯到二战后期。随着科技的快速发展和复杂系统的出现，人们逐渐意识到传统的单一学科的方法无法有效解决复杂系统的设计和管理问题。于是，系统工程作为一种跨学科的方法论开始发展，最终成为一门独立的学科。系统工程能在产品开发周期的早期阶段，就定义客户需求与所要求的功能，将需求文档化；然后在考虑完整性问题（即运行、成本、进度、性能、培训、保障、试验、制造和退役等）时，进行设计综合和系统确认，对复杂的工程问题进行系统化的分析和解决。因此，系统工程在各个领域（如兵器、船舶、装备、能源、航空航天等）的应用对于社会发展和国家安全至关重要。

　　系统工程对于航空产品研制单位落实适航要求也具有重要的意义，甚至起到决定性的作用。当前欧美民用航空制造业的研制指南文档——《商用飞机与系统研制指南》（SAE ARP4754A）是系统工程在商用飞机领域的最系统性的指导文档，也标志着系统工程在民用航空领域的重要性和广泛作用。它涵盖了系统工程的各个方面，包括需求工程，系统设计、集成和验证。基于系统工程的确认与验证方法，是该指南文档的重要过程方法，它为商用飞机的确认与验证提供了较为全面的指引。通过遵循该指南，航空制造商能够确保飞机系统的功能、性能和安全性得到全面的保证。

　　在实际应用当中，需求工程伴随着系统复杂性的增加而诞生，是系统工程的一个重要组成部分。需求问题是目前导致项目失败最重要的原因之一，且需求缺陷发现得越晚，对项目的成本影响越大。一旦在制造过程中发现需求错误或缺陷，而进行的需求更改往往会导致项目远远超出时间期限和资金预算，甚至影响企业的生存。因此，需求确认与验证在产品研制的过程中十分重要。

　　早在 21 世纪初，国际先进商用飞机主制造商就已建立并持续完善自身的需求工程体系，部署了覆盖产品全生命周期的流程、方法和工具，并广泛应用于各型号研制过程中，形成了全面的需求工程能力。其典型商用飞机项目，尤其重视客户需求，强调飞机各层级需求的捕获、确认与验证活动的完整性。需求工程方法的充分应用，为这些项目的研制成功提供了保障，并在最大程度上满足了利益攸关方要求。相比之下，国内航空企业需求工程应用情况起步较晚，但目前已成为新的趋势。国内已有多家航空企业、主机单位，以及部分系统和机载设备研制单位，将需求工程的理论方法应用于产品研制过程中，取得了非常显著的收益。

本书作为国内商用飞机确认与验证技术的理论结晶，内容较为全面、深入，涵盖了商用飞机研制过程中各个阶段的确认与验证技术，旨在帮助读者全面理解商用飞机的确认与验证技术过程，并提供实用的指导和经验。无论是对参与商用飞机研发的工程技术人员，还是对航空项目管理的决策者而言，本书都将是一本不可多得的参考资料。本书的出版有助于我国在当今世界商用飞机快速发展的大背景下，保持自身的竞争力，并推动相关产业的发展，更为日后我国商用飞机产业走向世界打下坚实的基础。

（C919 飞机总设计师、中国工程院院士）

前　言

商用飞机研制是一项产品极其复杂，技术难度大，质量要求高的系统工程。研制过程必须符合国际民航的各项飞行安全条例，满足适航审定要求。因此，从飞机与系统需求捕获、需求确认，到产品研制过程中的验证工作，均需要投入大量的资源，使得产品最终满足适航审定的各项标准。飞机确认与验证技术也因此成为商用飞机系统开发过程中的一项至关重要的技术。

国外商用飞机主制造商基于需求工程理论与技术，开展了大量的实践，制订了较为全面的标准。国内商用飞机研制过程中，中国商用飞机有限责任公司、中国航空工业集团有限公司等主制造商，通过各项重大项目的牵引，参照 SAE ARP4754A 标准，逐步制订了各自的全生命周期民机研制程序、设计标准及部分操作层文档，为商用飞机的研制，特别是为满足国际认可的适航审定程序，提供了更为科学的、系统的研制手段。

然而，如何充分考虑项目研制需求，开展合理的确认与验证（V&V）活动？如何具体地开展确认与验证活动？飞机级和系统级的确认与验证活动如何体现差别？在进行充分的验证活动的同时如何降低验证的周期与成本？这些问题一直困扰项目的决策人员及各层级的工程技术人员。项目管理人员既担心需求识别不全面，又担心冗余复杂的需求导致项目成本增加；既担心按标准指南的程序进行确认与验证，会导致确认周期漫长、验证成本高昂，而又不得不面临现代飞机及系统越来越复杂，不按系统工程方法开展研制工作将带来重大项目研制与取证风险的重大难题。

导致上述情况发生的其中一项重要原因是，围绕确认与验证相关的技术，还较大程度地停留在学术研究和设计指南层面。要推动确认与验证活动的执行，必须从重大民机项目的实践中走出一条路来，只有提出具体的实施思路与实操案例，才能为更多工程开发及项目管理人员所掌握。

本书试图从工程人员的具体实践角度，给出确认与验证的相关理论方法、实施过程，附加一些具体的实操经验、操作表单，为从事相应工作的工程技术人员及项目管理、决策人员提供一个更全面的视角和可参考的过程方法。需要读者注意的是，随着系统工程对确认与验证内涵的延伸，本文中"确认"的对象不仅限于需求，也包括最终交付产品。

本书分为 8 章。第 1~3 章为绪论与基础概念部分；第 4~8 章介绍商用飞机各研制阶段的确认与验证工作；另附缩略语和参考文献。

第 1 章是本文的绪论。主要介绍和描述编写本书的目的；需求工程的基本概念、发展及应用情况；需求的分类及表述方法；需求开发的过程与方法。

第 2 章描述确认与验证相关的工业标准与行业实践，涵盖 SAE 标准，INCOSE、NASA 及 FAA 系统工程手册中确认与验证相关的内容，以及国外航空制造商、国内航空领域确认与验证实施的基本情况。

第 3 章阐述商用飞机研制中的确认与验证，包括确认与验证的目的、描述、输入/输出、参与者与责任方，及确认与验证过程等。主要目的是便于读者理解确认与验证如何实施，由谁实施，能产生哪些输出物，为谁所用。

第 4 章介绍需求与概念论证阶段的确认与验证的主要方法，以及如何开展的具体内容。范围上包括定义需求确认与验证计划、定义需求确认与验证矩阵、定义需求确认与验证管理计划、系统工程管理计划评审、飞机安全性计划评估、技术邀标文档评估、飞机商业需求与目标确认、飞机研制需求与目标确认、飞机架构定义与确认等。

第 5 章介绍初步设计阶段的确认与验证，包括确认与验证策略优化、飞机级需求确认、飞机级需求评审、系统需求评审、系统描述文档评估、系统设计工具确认、虚拟样机验证系统设计、满足全生命周期需求的系统设计评估、系统初步设计评审等内容。这部分内容涵盖了确认与验证的方法、实例或表单。

第 6 章是详细设计阶段的确认与验证部分。主要描述系统关键设计评审、子系统和部件测试准备、供应商子系统测试文档评估、接收试验验证、基于仿真的系统性能评估、设计与实现一致性验证、接收试验评审等内容。本章的目的是指导详细设计阶段的系统、子系统或部件的准备、评估及相应的评审等活动。

第 7 章是试制与验证阶段的确认与验证部分。主要包括飞机和系统集成试验计划编制、飞机和系统集成试验环境建立、飞机和系统集成试验大纲编制、试验成熟度评估、独立构型供应商子系统的验证、系统级和部件级集成试验、飞机级系统交联试验、集成试验报告编制、系统自检有效性评估、集成试验报告工程评审等验证活动。

第8章是合格审定过程的确认与验证部分。主要包括合格审定的基本概念和基本过程、航空产品研发过程与审定过程的关系、合格审定基础和符合性方法、合格审定计划的编制，以及符合性验证和确认等内容。目的是概括性介绍适航审定过程中的主要确认内容，以及合格审定计划及方法等。

附录给出了本书用到的主要缩略语。

本书由邓金萍与朱亮组织编写，由中国商用飞机有限责任公司参与C919飞机及CR929宽体飞机研制任务的多位设计人员参与编纂。

具体编纂、统编、统校人员如下：第1章"绪论"由邓金萍、张洁婧编写；第2章"工业标准与行业实践"由戴露豪、何燕编写；第3章"商用飞机确认与验证过程"由张新宇、李承立编写；第4章"需求与概念论证阶段的确认与验证"由戴露豪、谭兆光编写；第5章"初步设计阶段的确认与验证"由张新宇、李翠编写；第6章"详细设计阶段的确认与验证"由王奕、陈冬生编写；第7章"试制与验证阶段的确认与验证"由周涛、汤超编写；第8章"合格审定过程的确认与验证"由朱亮编写；附录"缩略语"由方钧华编写；全文由邓金萍、方钧华、朱亮承担统编、统校工作。

本书可作为飞行器研制领域各类工程与项目管理技术人员的参考资料，也可供高等院校相关专业师生使用。

最后，感谢为本书顺利出版给予关心和帮助的所有人，特别是本书责编江璇博士，她为本书的出版提供了专业、细致的指导。

由于编写者经验、水平有限，加上时间仓促，书中难免存在不足，恳请读者提出宝贵意见。

作　者

2023 年 6 月

目　　录

1　绪论 ·· 1

　1.1　确认、验证与需求工程 ································ 1

　1.2　需求工程简介 ···································· 4

　　1.2.1　需求工程的发展 ······················ 4

　　1.2.2　需求工程的重要性 ···················· 5

　　1.2.3　需求工程在航空领域的应用 ·········· 6

　1.3　需求的分类及表述 ······························ 8

　　1.3.1　需求的类别 ·························· 8

　　1.3.2　需求的层级 ························ 11

　　1.3.3　需求的表述 ························ 14

　1.4　需求开发过程 ·································· 19

　　1.4.1　需求捕获与定义 ···················· 20

　　1.4.2　需求确认与分配 ···················· 29

　　1.4.3　需求验证 ·························· 31

　　1.4.4　需求管理 ·························· 32

　1.5　确认与验证的局限性 ·························· 36

2　工业标准与行业实践 ···························· 38

　2.1　确认与验证工业标准 ·························· 38

　　2.1.1　SAE 工业标准 ······················ 38

　　2.1.2　《INCOSE 系统工程手册》 ············ 46

2.1.3 《NASA系统工程手册》 ……………………………… 54

2.1.4 《FAA系统工程手册》 ……………………………… 68

2.2 确认与验证行业实践 …………………………………………… 80

2.2.1 国外主制造商A公司的确认与验证 …………………… 80

2.2.2 国外主制造商B公司的确认与验证 …………………… 81

2.2.3 中国航空领域的确认与验证 ……………………………… 82

3 商用飞机研制中的确认与验证 ………………………………… 90

3.1 确认 ……………………………………………………………… 90

3.1.1 目的 ………………………………………………………… 90

3.1.2 描述 ………………………………………………………… 90

3.1.3 输入/输出 ………………………………………………… 91

3.1.4 参与者与责任方 ………………………………………… 92

3.1.5 过程 ………………………………………………………… 93

3.2 验证 ……………………………………………………………… 105

3.2.1 目的 ………………………………………………………… 105

3.2.2 描述 ………………………………………………………… 105

3.2.3 输入/输出 ………………………………………………… 106

3.2.4 参与者与责任方 ………………………………………… 107

3.2.5 过程 ………………………………………………………… 107

4 需求与概念论证阶段的确认与验证 ………………………… 116

4.1 需求确认与验证计划制订 ……………………………………… 116

4.2 需求确认与验证矩阵定义 ……………………………………… 117

4.3 需求确认与验证管理计划制订 ………………………………… 119

4.4 系统工程管理计划评审 ………………………………………… 121

4.5 飞机安全计划评估 ……………………………………………… 122

4.6　技术邀标文档评估 ………………………………… 125

4.7　飞机商业需求与目标确认 ………………………… 126

　　4.7.1　飞机商业需求与目标的定位 ………………… 126

　　4.7.2　飞机商业需求与目标责任主体 ……………… 128

　　4.7.3　飞机商业需求与目标确认目的 ……………… 129

　　4.7.4　飞机商业需求与目标确认方法 ……………… 129

4.8　飞机研制需求与目标确认 ………………………… 134

　　4.8.1　飞机研制需求与目标的定位 ………………… 134

　　4.8.2　飞机研制需求与目标责任主体 ……………… 135

　　4.8.3　飞机研制需求与目标确认目的 ……………… 136

　　4.8.4　飞机研制需求与目标确认方法 ……………… 136

4.9　飞机架构定义与确认 ……………………………… 138

　　4.9.1　目的 …………………………………………… 138

　　4.9.2　意义 …………………………………………… 139

　　4.9.3　原则 …………………………………………… 139

　　4.9.4　准备活动 ……………………………………… 140

　　4.9.5　过程 …………………………………………… 140

5　初步设计阶段的确认与验证 ……………………………… 147

5.1　确认与验证策略优化 ……………………………… 147

　　5.1.1　目的 …………………………………………… 147

　　5.1.2　描述 …………………………………………… 147

5.2　飞机级需求确认 …………………………………… 149

　　5.2.1　目的 …………………………………………… 149

　　5.2.2　不同研制阶段飞机级确认活动 ……………… 150

　　5.2.3　规划飞机级需求确认活动 …………………… 151

　　5.2.4　执行飞机级需求确认活动 …………………… 152

5.2.5　总结飞机级需求确认活动 ……………………… 152

5.3　飞机级需求评审 …………………………………………… 153

　　5.3.1　目的 ……………………………………………… 153

　　5.3.2　描述 ……………………………………………… 153

　　5.3.3　准入标准 ………………………………………… 154

　　5.3.4　准出标准 ………………………………………… 154

　　5.3.5　评审项 …………………………………………… 156

5.4　系统需求评审 ……………………………………………… 156

　　5.4.1　目的 ……………………………………………… 156

　　5.4.2　描述 ……………………………………………… 156

　　5.4.3　准入标准 ………………………………………… 157

　　5.4.4　准出标准 ………………………………………… 158

　　5.4.5　评审项 …………………………………………… 159

5.5　系统描述文档评估 ………………………………………… 160

　　5.5.1　目的 ……………………………………………… 160

　　5.5.2　描述 ……………………………………………… 160

　　5.5.3　参与者 …………………………………………… 161

　　5.5.4　输入/输出 ……………………………………… 161

　　5.5.5　主要过程 ………………………………………… 162

5.6　系统需求规范评审 ………………………………………… 163

5.7　系统设计工具鉴定 ………………………………………… 164

　　5.7.1　目的 ……………………………………………… 164

　　5.7.2　描述 ……………………………………………… 164

5.8　虚拟样机验证系统设计 …………………………………… 165

　　5.8.1　目的 ……………………………………………… 165

　　5.8.2　描述 ……………………………………………… 165

　　5.8.3　主要活动 ………………………………………… 166

5.9　满足全生命周期需求的系统设计评估 ………………………… 167

　　5.9.1　目的 …………………………………………………… 167

　　5.9.2　说明 …………………………………………………… 167

5.10　系统初步设计评审 ……………………………………………… 169

　　5.10.1　目的 …………………………………………………… 169

　　5.10.2　描述 …………………………………………………… 169

　　5.10.3　准入标准 ……………………………………………… 170

　　5.10.4　评审内容及准出标准 ………………………………… 172

　　5.10.5　转段要求 ……………………………………………… 177

6　详细设计阶段的确认与验证 ……………………………………… 179

6.1　系统关键设计评审 ……………………………………………… 179

　　6.1.1　目的 …………………………………………………… 179

　　6.1.2　描述 …………………………………………………… 180

　　6.1.3　准入标准 ……………………………………………… 180

　　6.1.4　评审内容及准出标准 ………………………………… 181

　　6.1.5　转段要求 ……………………………………………… 187

6.2　子系统和部件测试准备 ………………………………………… 189

　　6.2.1　目的 …………………………………………………… 189

　　6.2.2　描述 …………………………………………………… 189

6.3　供应商子系统测试文档评估 …………………………………… 193

　　6.3.1　目的 …………………………………………………… 193

　　6.3.2　描述 …………………………………………………… 193

6.4　接收试验验证 …………………………………………………… 194

　　6.4.1　目的 …………………………………………………… 194

　　6.4.2　说明 …………………………………………………… 194

6.5　基于仿真的系统性能评估 ……………………………………… 196

　　　　6.5.1　目的 ·· 196

　　　　6.5.2　说明 ·· 197

　　6.6　设计与实现一致性验证 ······························ 197

　　　　6.6.1　目的 ·· 197

　　　　6.6.2　说明 ·· 198

　　6.7　接收试验评审 ······································· 198

　　　　6.7.1　目的 ·· 198

　　　　6.7.2　说明 ·· 199

7　试制与验证阶段的确认与验证 ···························· 200

　　7.1　飞机和系统集成试验计划编制 ························ 201

　　　　7.1.1　目的 ·· 201

　　　　7.1.2　说明 ·· 201

　　7.2　飞机和系统集成试验环境建立 ························ 203

　　　　7.2.1　系统集成试验环境 ······························ 203

　　　　7.2.2　机上地面集成试验环境 ·························· 204

　　7.3　飞机和系统集成试验描述编制 ························ 206

　　　　7.3.1　目的 ·· 206

　　　　7.3.2　说明 ·· 206

　　7.4　试验成熟度评估 ····································· 207

　　7.5　独立构型供应商子系统的验证 ························ 211

　　　　7.5.1　目的 ·· 211

　　　　7.5.2　说明 ·· 211

　　7.6　系统级和部件级集成试验 ···························· 212

　　　　7.6.1　目的 ·· 212

　　　　7.6.2　说明 ·· 212

　　7.7　飞机级系统交联试验 ································· 213

7.7.1 飞机集成试验规划 ……………………………………… 213

7.7.2 飞机集成试验任务分析 ……………………………… 213

7.7.3 试验设施条件综合考虑 ……………………………… 214

7.7.4 飞机级集成试验 ……………………………………… 214

7.8 集成试验报告编制 …………………………………………… 218

7.8.1 目的 …………………………………………………… 218

7.8.2 说明 …………………………………………………… 218

7.9 系统自检有效性评估 ………………………………………… 220

7.9.1 目的 …………………………………………………… 220

7.9.2 说明 …………………………………………………… 220

7.10 集成试验报告同行评审 …………………………………… 222

7.10.1 目的 ………………………………………………… 222

7.10.2 说明 ………………………………………………… 222

8 合格审定过程的确认与验证 ………………………………… 223

8.1 合格审定的基本概念和基本过程 …………………………… 223

8.2 航空产品研发过程与审定过程的关系 ……………………… 224

8.3 合格审定基础和符合性方法 ………………………………… 227

8.4 审定计划编制 ………………………………………………… 229

8.4.1 审定计划编制目的 …………………………………… 229

8.4.2 审定计划的作用 ……………………………………… 230

8.4.3 审定计划编制要求 …………………………………… 230

8.5 符合性确认与验证 …………………………………………… 232

8.5.1 审查型号资料 ………………………………………… 232

8.5.2 检查工程符合性 ……………………………………… 233

8.5.3 审查工程验证试验和试飞 …………………………… 234

8.5.4 批准符合性报告 ……………………………………… 236

附录 缩略语表 ·· 237

参考文献 ·· 243

索引 ··· 246

1 绪 论

1.1 确认、验证与需求工程

民用飞机是典型的复杂产品系统，具有高新技术密集程度高、学科交叉性强、系统综合集成度高、研制周期长、项目投入大、项目管理复杂的特点，需要综合多领域的专业技术以使飞机的整体性能最优化。

系统工程（SE）是应对系统复杂性，确保复杂系统成功实现的一种跨学科的方法和手段。系统工程专注于面向系统完整问题、面向全生命周期，为复杂系统研制提供方法和手段。民用飞机研制作为典型的复杂系统工程，在研制过程中实施系统工程，采用系统工程的理论和方法开展研制活动，可以有效满足现代民用飞机研制要求，进而确保项目取得研制、适航、运行，以及市场的成功。美国汽车工程师学会（SAE）的系统化指导规范《商用飞机与系统研制指南》（SAE ARP4754A）[1] 是系统工程在民用飞机领域的应用。这一指导规范目前被全球各地民航当局普遍认可。例如，美国联邦航空管理局（FAA）在其关于运输类飞机适航标准（FAR 25）的 1309 条款的咨询通告（AC）中就明确指出，民用飞机研制企业应该参照 SAE ARP4754A 中建立的系统化过程规范来进行民机研制，以确保民机型号能顺利地通过适航审查。

需求工程（RE）[2] 是系统工程的核心内容。一般认为：需求工程是把需求作为对象来进行研究和管理的学科，其主要任务是通过捕获、分析、确认、验证及追溯等过程来对各利益攸关方的需求进行有效管理，达到有效地管理和控制复杂产品研制过程的目的。需求工程最早在软件工程领域得到重视，近年来在如民用飞机、武器装备等复杂产品研制领域也得到了极大的关注和应用。以国际先进民用飞机型号的研制为例，其研制企业通过在大型项目中采用需求工程的研制和管理方法，有效管控飞机研制过程，以满足利益攸关方需求及适航取证要求。

需求是产品提出方与承研方之间一种结构化和正式化的沟通方法。提出方提出需求，描述需要。承研方通过接受需求，表明满足需求的可能性和能力。然而，不论沟通得好坏，重要的是最终产品满足客户需求的程度。尽管沟通很重要，但它只是实现客户期望目标的一个促成因素，而不是实现目标的保证。因此，有必要首先向顾客展示他们的钱能得到什么。这涉及承研方需要尽可能全面地捕获、建立和确认所有与产品有关的需求，这些完整的、正确的需求最后被归集形成"需求文档"[3]。

确认与验证是确保"做正确的事"与"正确地做事"的重要活动。设计过程本质上是由一系列"形成需求—进行设计"的阶段组成，其中需求部分的工作包括识别和确认需求，设计部分的工作包括进行设计和分析证明设计与需求的符合性——验证需求。不同的设计选择将产生衍生需求，这些衍生需求作为下一阶段的输入。因此，需求首先必须是正确的、合理的、相互协调一致的，否则，基于这些需求的设计将导致一个不合适的产品。

管理大师彼得·德鲁克曾在《有效的管理者》一书中简明扼要地指出，效率是"以正确的方式做事"，而效能则是"做正确的事"。对企业而言，不可缺少的是效能，而非效率。上述观点说明了"做正确的事"的重要性。而能保证"做正确的事"的前提就是对需求的确认，因为成功的项目归根结底就是要满足利益攸关方/客户的需要和需求，如果需求没有明确或者需求分析有误，那么做得越多，错的就会越多，最终必然会导致项目失败。在需求工程领域，需求确认是一个极其复杂的过程。需求确认确保承研方研发的是一个正确的产品。对商用产品来说，是确保产品符合市场的需求，满足客户的期望，带来商业成功的基础。

为使得最终的产品符合之前提出的需求，必须对其进行功能和性能方面的一系列测试。正如系统工程专家斯科特·杰克逊（S. Jackson）所说："测试确保每一个飞机部件都能执行其预期的功能，并能达到预期的性能水平，而不会执行它原本不打算执行的功能。"通常，客户可以直接参与测试。针对适航性相关要求的测试，也受到监管机构的监督和控制，因为它是认证过程中的一个基本要素。然而，等到飞机飞行（或马上要飞行）才首次检查它与产品需求的符合性是颇有风险的，在这一阶段才发现重大缺陷将导致"昂贵的"后果。因此，需引入一个中间步骤来检查设计是否满足需求。这种符合性检查在详细设计阶段开始前就要进行，一般通俗地称为"需求验证"。在设计过程中发现的不符合项会导致需采取纠正措施，而纠正措施的成本相比前者要低得多。

总而言之，确认与验证（V&V）过程是需求工程领域最核心的活动，前者确认需求的完整性和正确性，后者验证设计和产品是否满足需求。具体来说，确认与验证过程包括确认与验证活动的确立、活动的详细规划（有必要包括确定每项活动的责任方、确认与验证必要数据的记录，及问题的管理）、确认与验证的实施等。此外，需要强调的是飞机整机的 V&V 过程与机载系统及结构的 V&V 过程不是相互独立的，所有的系统同其他系统（较为复杂或简单）之间均存在接口，系统的 V&V 活动也不是相互独立的，有必要对飞机所有的V&V 活动进行协调。

经过几十年的发展，欧美民用航空工业界形成了系统化、规范化的设计指南文档——SAE ARP4754A 来指导民用飞机研制中的确认与验证过程。该规范得到适航当局的认可，是系统工程在民用飞机领域的应用，并形成了基于系统工程的确认与验证方法。美国联邦航空管理局在其关于运输类飞机适航标准FAR25.1309 条款的咨询通告 AC25.1309 中明确指出，民用飞机研制企业应该参照 SAE ARP4754A 中建立的系统化过程规范来进行民用飞机研制。国际先进民机型号的研制中通过应用该方法保证了项目成功，体现了先进的民用飞机研制水平。

1.2 需求工程简介

1.2.1 需求工程的发展

需求工程是随着系统复杂性的增加而诞生的。

需求工程最早在软件工程中得到重视。20 世纪 60 年代软件危机爆发以前，软件规模小、修改简单，即使不进行需求分析也不会对软件开发造成过大影响，需求理解错误造成的软件修改量范围是可控的。然而随着技术的进步，软件开发的规模越来越大，需求理解错误的代价也越来越大。由于需求理解错误造成的软件反复修改、开发进度拖延、开发成本增加的问题日益显著。

在这样的情况下，当时的软件大师，如迪杰克斯特拉（E. W. Dijkstra）和帕那斯（D. Parnas）等，提出了结构化编程的想法。其中，有一项很重要的工作，就是温斯顿·罗伊斯（Winston Royce）提出的瀑布模型。瀑布模型将软件工程要做的事情分成需求、设计、编码、测试四个阶段。在瀑布模型的思想中，需求被作为独立的阶段提出，并且软件的开发需要遵循先需求分析，再设计、编码、测试的过程规律。

此后，瀑布模型迅速得到普遍认可和广泛应用。很多大型工程都采用瀑布模型，并且将其写入标准。例如，美国国防部的 DOD-STD-2167A 和 DoD 5000 就做出规定，软件开发必须先进行需求分析，生成需求文档，然后交给设计者进行后续设计。可以说，瀑布模型的提出才使需求工程的诞生成为可能。

20 世纪 70 年代以来，随着航空器、航天器、大型船舶等复杂产品、技术的不断发展，需求工程越来越引起人们的关注，尤其在一些发达国家和地区，需求工程已经成为复杂产品及系统研制所依据的基础技术。需求工程作为单独的学科提出，并通过需求分析、需求开发、需求文档化提供系统化的方法和手段。

进入 20 世纪 90 年代以来，需求工程成为研究的热点，需求工程国际研讨会和需求工程国际会议相继开展并定期召开。

此外，随着制造业系统复杂性的与日俱增，需求工程在复杂产品研制领域也得到了广泛关注。系统工程也将需求工程列为重要的领域子学科之一。系统工程的相关标准，如 MIL－STD－499 和 ISO/IEC/IEEE 15288[4]，均将需求分析、需求验证、需求确认列入流程之中。随着需求工程在系统研制中的应用，需求工程也不再被认为仅限应用于开发的最初阶段，需求工程贯穿于系统开发的全生命周期，用于保证系统研制的各个流程结果始终满足系统需求。

21 世纪以来，随着新技术的出现，需求工程的新方法也相继被提出。比如基于敏捷流程的轻量级需求工程、基于面向对象方法的统一建模语言（UML）模型需求分析方法，以及基于模型方法提出的可复用的模型驱动（model-driven）需求工程。这些新方法为需求工程学科的发展提供驱动力。随着系统和软件复杂性的日益剧增，需求工程在解决系统和软件研制复杂性问题，降低项目成本和项目风险中还将继续扮演重要的角色。

1.2.2 需求工程的重要性

目前，需求工程已广泛应用于系统研制过程和软件开发过程中。系统工程和软件工程的相关标准均对需求工程的相关内容做出要求。需求工程对于系统和软件研制的重要性在于，借助需求工程可以清晰并准确地定义项目的问题域，明确系统或软件的功能、特性、要求、约束，确保正确的、符合客户要求的产品的实现。如果需求不正确，后续工作的完成质量高低均没有意义。需求工程对于产品研制和实现的正确性具有重要意义。

由于复杂系统和软件研制往往涉及众多子系统研制团队、子系统供应商、运行维护参与者、利益攸关方、外部环境约束，所以复杂产品研制的需求问题往往也十分复杂。常见的问题包括：需求不完全、需求不稳定、需求质量不高、缺少追溯性、缺少利益攸关方参与、需求与业务目标不符等问题。

这些需求问题将对工程研制造成如下影响：

a. 项目目标与利益攸关方期望不一致；

b. 项目内容频繁更改甚至重做；

c. 项目进度拖延、项目成本增加；

d. 与供应商的产品协议变动甚至毁约；

e. 项目里程碑无法按时完成。

统计表明，需求问题是项目失败最重要的原因之一。由需求问题引起的项目超期/超支或功能不完整的比例为 48%，由需求问题引起的项目重做比例为 70%~85%。需求缺陷发现得越晚，对项目的成本影响越大。统计表明，在产品制造过程中发现的需求错误，造成的成本增加是需求阶段的多倍。因此，需求对于产品研制的重要性和必要性不言而喻，产品研制需要需求工程来估算项目的范围、成本、质量并保证其变更可控。

1.2.3 需求工程在航空领域的应用

民用飞机的研制过程复杂，具有综合集成度高，学科交叉性强，项目成本高、周期长的特点，复杂系统研制中的需求缺陷和需求更改造成的影响很大，往往会导致项目时间和预算的超标，甚至难以完成，影响企业的生存。为了有效管控民机研制过程、保证最终产品满足客户和适航需求，国外大型民机制造商均已在型号项目中采用需求工程的研制和管理手段。

1）B 公司需求工程

目前，需求工程已广泛应用于 B 公司各型号飞机的研制过程中。除了军用的倾转旋翼机和武装直升机等复杂产品项目，该公司在大型民用客机项目中，也采用了需求工程的开发和管理方法。

该公司认为需求分析、需求定义、需求确认以及需求验证是民机需求工程中的关键流程。需求缺陷应在产品研制生命周期中尽早发现，以免给项目带来成本和进度风险。为此，该公司制订了系统工程领域的通用需求开发和需求管理流程、步骤及指南，以保证需求工程在项目研制中的实际应用。同时，该公司还配备了专门的需求工程部门以及相关工作协调办公室，支持需求工程的应用。

近年来，B 公司在持续建立并完善自己的需求工程流程，提出了诸如敏捷需求工程等新设想。在驱动自身需求工程应用的同时，也为需求工程学科发展做出贡献。

2）A 公司需求工程

需求工程在 A 公司的大型复杂产品项目中全都起到了重要的作用，是该公司完整复杂产品研发过程中的核心。

A 公司从 1999 年起，开始建立需求工程体系并在项目中应用需求工程流程。目前，该公司已按照 SAE ARP4754A 及 EIA 632[5] 的要求建立并部署了覆盖流程、方法、工具的需求工程能力体系，保证其型号研制流程按照民机研制指导规范满足适航审定要求。

A 公司认为，项目能否满足需求决定了项目的成功与否，需求的满足质量决定了项目质量。需求超过客户需要，会导致产品的超规格，造成需求以外的不必要的成本投入。需求忽略客户需要，会导致产品次规格，不满足客户需求造成的更正或重做将引起成本的上升。满足正确的需求是整个研制过程的管控和评判标准。

3）国内航空制造企业需求工程

相较之下，国内航空企业需求工程应用情况起步较晚。不过，由于航空产品本身多学科、复杂性高的特点，需求工程在航空产品研制中越来越受到重视，航空需求工程的研究和应用也成为新的研究热点。

目前，我国已有多家航空企业率先尝试在产品研制中应用需求工程的理论方法。例如，国内主流航空制造商在 2013 年定下了"分析需求工程在航空领域的应用方式，制订系统工程流程和实施规范，建立支持需求工程的工具应用平台"的目标。飞机航电和机电领域有多家单位开展了需求工程应用的试点项目。2014 年起，军用飞机、直升机、民用飞机领域等多家主制造商也相继在型号中应用和推广需求工程。商用发动机方面，针对大型商用发动机研制中需求工程特别是需求管理的问题，已进行了较多的研究和应用。可以说，国内航空需求工程的火热研究与普遍应用已是大势所趋。

1.3 需求的分类及表述

1.3.1 需求的类别

需求是定义产品设计与实现最重要的依据信息，直接影响产品的功能、性能、安全性和可用性等指标。SAE ARP4754A 中提到，需求是功能规范的可识别要素，可以对该要素进行确认，且可以验证对应的实施过程。

通常，由外部客户将需求发给公司（或其内部的组织），或者由公司将需求发给外部供应商（商用飞机项目，还应由公司中不同的机构来管理需求）。

需求的初稿通常不是由项目提出方编写的，而是由项目承担方编写提出。这是因为后者通常比前者有更多的经验，这些经验来自以前（涉及不同的提出方）的项目。

民用飞机的需求一般从广义的角度可分为三种不同的内容，这些需求不仅包含产品的技术需求，也包含产品研制过程项目层面的非产品技术需求（如研制过程、项目管理等方面的需求）：

a. 产品技术需求：主要包括产品的功能、性能等，前者主要描述产品应当是什么样的，如产品的类型、功能等特性；后者主要描述产品具备的技术特性；

b. 生产和服务需求：产品如何设计、制造、装配、测试等；

c. 研制过程需求：产品的开发与制造如何管理。

产品技术需求还可以包括对空运系统的需求，这些需求包括机场特征、人员需求、消耗品需求、运营需求、规章制度管理需求等。

根据 SAE ARP4754A 的定义，具体的民用飞机需求类别主要包括以下几类：

1）安全性需求

飞机或系统级功能的安全性需求包括与功能可用性和完整性密切相关的最低性能约束。这些安全性需求应通过安全性评估过程来确定。

通过对相关功能失效状态的确定和分类，确立飞机和系统功能的安全性需求。所有功能都有相应的失效模式和对飞机的影响（即使分类为"无安全性影响"）。与安全性相关的功能失效模式可能对飞机安全性有直接或间接的影响。

针对预防失效状态或提供安全性相关功能的需求，应通过研制保证等级单独进行确认和追溯。这将确保安全性需求在软件和电子硬件设计层级上的辨识度。

不论在飞机级、系统级还是部件级，每一项功能的安全性相关需求的类型通常有：独立性需求、可用性及完整性需求、无单点失效准则、监控性能需求、安全性或防护特性、研制保证等级、运行及维修性限制。

对于一个给定的功能，其安全性需求从安全性评估结果衍生而来。这些安全性需求通常是一种直接的分配，这种分配来自基于功能失效影响的失效等级。在需要考虑组合时，不需考虑大量不相关的组合，仅要考虑涵盖了所需组合的情况。

当多个功能使用了共同的资源时，应考虑组合的情况。应确认相关的组合并反复进行分析以得到功能组合的安全性需求。随着飞机架构中更多地使用共享资源，这种情况经常会发生。

当上层功能比子功能具有更严重的影响等级时，需要考虑相应子功能的组合。典型的情况是：多个系统一起工作或相互辅助执行一个飞机功能。

2）功能性需求

功能性需求是指在具体条件下为了获得系统预期性能所需的需求。这些需求是客户需求、运行要求、适航规章要求和设计实现约束的综合。这些需求定义了系统功能的所有重要方面。

3）客户需求

客户需求会随着飞机型号、系统特定功能或者系统类型的变化而变化。这些需求通常包括运营商的预期商载、航路、使用经验、维修理念和预期的运行特性。

4）操作需求

操作需求定义飞行机组与功能系统之间、维护人员与飞机系统之间、其他飞机支持人员与相关功能及设备之间的接口。操作需求的内容包括行为、决断、信息需求以及时间。定义操作需求时需要考虑正常和非正常的情况。

5）性能需求

性能需求定义飞机功能或具体系统的特性。这些特性对于飞机及其操作来说是有用的。除了定义预期性能的类别外，性能需求还包括功能的具体特性，例如：精度、真实性、范围、分辨率、速度，以及响应时间等。

6）物理和安装需求

物理和安装需求与飞机环境的物理特性相关，通常包括：尺寸、安装规定、能源、冷却、环境限制、可视性、通道、调整、搬运和存储。生产限制对于建立这些需求也有影响。

7）维修性需求

维修性需求包括定期和非定期的维修需求，并且与具体的安全性相关功能有关。失效探测率或者故障隔离率等因素也很重要。在这类需求中，还应定义外部测试设备信号以及连接。

8）接口需求

接口需求包括：带有相关特定通信信息特性的物理系统和部件的内部连接关系。接口包括所有有源输入和目的输出的定义。接口描述应详尽描述信号的特征。

9）补充的合格审定需求

根据适航规章要求或为了表明对适航规章的符合性，可能需要补充功能、功能特性或设计实现的需求。此类需求应与适航当局协商确定。

10）衍生需求

在研制活动的每个阶段，要决定如何满足特定的需求或一组需求。这些设计决策的结果成为下一研制阶段的要求。由于这些需求来源于设计过程本身，所以它们可能与上层需求不相关，而是被归为衍生需求。

检查衍生需求以确定它们支持的飞机级功能，进而给它们分配合适的失效状态等级，同时要对需求进行确认。衍生需求一般不会影响上层需求，有些衍生需求可能隐含在上层需求中。从安全性的角度（即对安全性影响的分析），逐步在各较高系统层级中检查衍生需求，直到确定影响消失为止。

例如，为执行一个特殊功能的设备提供独立电源，这个决定将产生衍生需求。电源供电需求，包括安全性需求，就是衍生需求。电源功能失效或故障所导致的失效状态决定了必要的研制保证等级。

衍生需求也可以来自架构的选择。例如，为了实现一个高度综合的功能而选择一个三重冗余的架构，由此，相对于实现相同目的的双重监控架构，会产生不同的结果以及不同的衍生需求。

衍生需求可能来自设计决策，这种设计决策在严重程度较低的系统失效中，具有隔离严重程度较高的失效状态的功能。

衍生需求也可能来自电子硬件-软件接口。这种衍生需求在系统级可能十分重要。涉及电子硬件-软件接口详细需求的其余需求，按 DO‐178B/ED‐12B[6]和 DO‐254/ED‐80[7] 中的指南来处理。

衍生需求的捕获和处理应与在相同研制阶段所适用的其他需求相协调。衍生需求应包括依据和/或对适用设计准则的参考。

1.3.2 需求的层级

商用飞机需求的层级一般包含：商业需求与目标、飞机研制需求与目标、飞机级/使能体系级需求、系统级需求、子系统级需求五个层级。

1）飞机商业需求与目标

商用飞机研制项目的最顶层需求应为商业需求与目标（BRO），一个项目有且只有一份 BRO。

BRO 应充分捕获市场、客户、政府、合作方、公司自身等项目各利益攸关方的需要，围绕项目取得商业成功的目标，经过充分权衡研究，形成对飞机产品系统即飞机、企业和产业链的项目顶层需求。

BRO 文档作为最顶层需求应保证全面性。全面性主要体现在两个方面：一方面，除了市场之外，BRO 文档还承载了项目相关所有内外部利益攸关方的需要；另一方面，除了综合后形成对飞机产品的需求之外，BRO 文档还全盘考虑对项目中包括研制、制造、服务的企业系统以及产业链系统的要求。

在 BRO 的形成过程中，应尽可能完整地捕获项目所有利益攸关方的需要，

11

包括且不限于：市场、政府、监管方、客户、投资方、公司、合作方、最终用户、操作者、供应商、竞争方、运营保障、非政府组织以及地方社区等。

在 BRO 的形成过程中，应进行大量的权衡和分析工作，即对利益攸关方的需要进行权衡取舍和综合，优先满足最重要的，为了形成这些需求，应开展利益攸关方识别、需要的捕获、功能分析和需求分析等工作，并开展一系列宏观市场分析、细分市场分析、针对产品的经济性分析、价值分析、竞争性分析、可行性分析等一系列商业案例分析工作进行论证支撑，相关分析报告应足够充分，以支撑证明 BRO 的每一条要求或目标。

在 BRO 的形成过程中，应识别出关键性能指标，对于这些指标的更改，应更为严苛和谨慎。

在 BRO 的形成过程中，应充分考虑市场竞争力，通过落实市场竞争力指标，确保顶层的相关要求能够落实到系统设计之中。

2）飞机研制需求与目标

商用飞机研制项目的第二层需求应为飞机研制需求与目标（ADRO），一个项目有且只有一份 ADRO。

ADRO 是在经过项目整体方案定义与论证过程后形成的，对上完整承接 BRO 的需求，并应保证对 BRO 需求的符合性，不应出现两者不一致的情况。当其中一方需要更改时，另一方必须通过变更流程进行更改。在项目飞机产品系统层级各要素之间进行权衡研究和方案优化，形成包括飞机产品、企业使能系统（包括制造、客服）、产业链的详细需求。

ADRO 中包括针对产品共通性、系列化、驾驶舱设计、商载、舒适性、运行性能、环保、航线运行、结构、飞机级关键功能、先进性技术运用、安全性、面向制造和装配的设计、面向试验试飞的设计等提出的要求；针对服务需求包括客户服务产品、服务网络和运行支持体系提出的要求；针对企业使能体系需求提出的包括研发、制造、试验、试飞、数字化建设以及供应链要求、适航与质量要求、项目管理要求。

ADRO 中的需求应由项目总方案进行支撑。项目总方案应经过多个初步候选方案的遴选和权衡，充分考虑在市场、经济性、技术等要素上最佳的初步技术方案。包括飞机总体初步方案以及制造、客服、试验试飞等各初步方案的内容组成，内容上除了对飞机的顶层设计、初步气动特征、结构布置、驾驶舱布局、主要系统选择等的定义，还应包括对工程设计、客户服务、制造采购、试验试飞、适航取证、质量保证和条件保障等各方面工作内容的总体方案和规划。

3）飞机级/使能体系级需求

商用飞机研制项目的第三层需求为飞机级/使能体系级需求，在此层级将项目需求进行条线的分解。其中的"飞机级需求（ARD）"针对的是飞机产品，"使能体系级需求"针对的是运行支持体系、批产制造体系、试验试飞体系、项目管理体系等飞机使能体系。

飞机级/使能体系级需求，向上应能完整承接 ADRO。针对项目所囊括的飞机产品、服务产品、飞机使能企业体系/系统等不同对象，对飞机产品系统级需求进行进一步的分解，形成各自独立的具体需求。

一个项目应包括多份飞机级/使能体系级需求，分成飞机产品需求、客户服务需求、制造需求、试验试飞需求、项目管理需求五大类需求。

针对飞机产品的飞机级需求，由一份或者多份的功能性需求和非功能性需求组成。飞机级的功能性需求文档（FRD）应包括所有的飞机一级功能的描述；飞机级的非功能性需求文档（NFRD）应包括飞机安全性、可靠性、维修性、制造性、飞机级内外部环境、安装、重量、双发延程运行标准（ETOPS）、公共资源成员系统等飞机产品特性需求和适用飞机各系统的规范类需求。

飞机的客户服务体系级总需求、制造体系级需求、试验试飞体系级需求和项目管理总需求可以由一份或者多份组成，应能完整覆盖其产品的使能体系需求和管理类需求。

4）系统级需求

系统级需求是对飞机级需求进一步的分解，应根据产品分解结构（PBS），对飞机的各系统产品、客服分体系、产品制造分体系、试验试飞系统分体系和项目管理体系，向子系统进行分解。

产品的系统级需求的划分方式应与产品 PBS 基本保持一致。一份产品的系统级需求可能会追溯至多份飞机级需求，尤其对非功能性需求的追溯可能是一对多的。

系统级需求，按照产品 PBS 对飞机系统进行一级分解，所产生的系统级需求由对应的系统团队负责。一般而言，系统级需求对应到飞机系统的美国航空运输协会第 100 号规范（ATA 100 规范）的章节，如"ATA23 通信系统需求"。

5）子系统级需求

在系统团队负责各自系统集成工作的情况下，系统团队应负责所设计系统的架构定义，在完成系统架构定义后即可明确组成系统的子系统以及子系统的功能性和非功能性需求。因此部分系统需要进一步分解到子系统级需求，如"ATA23 通信系统需求"下面再分解成"语音通信子系统需求""数据传输和自动呼叫子系统需求"等。

类比于系统级需求，对使能分体系级需求的划分，应根据各自使能系统对应的子系统/体系的划分方式（产品分解结构和工作分解结构）进行需求的分解。

对于项目管理的体系级需求，在分体系级就不再通过需求管理方式落实，对需求的分解可采用项目的各类管理大纲进行落实。具体包括：项目管理大纲、质量管理大纲、供应链管理大纲和适航管理大纲。大纲应通过相关方法，尽管不采用正式需求确认与验证流程，但仍需要采用评审等手段，来证明这些大纲对需求进行了全面、正确的满足，并通过项目管理过程保证对大纲在项目上的实施进行有效的监控，来持续确保对项目管理体系级需求的满足。

1.3.3 需求的表述

1）需求表述特征

总体来说，商用飞机的需求表述一般应满足 SMART 原则（specific、measurable、achievable、realistic、tractability），即：明确性、可度量、可实现、现实性、可追溯。

（1）明确性（specific）

需求应确切地说明需求所要求的内容，需求的明确性包括以下几方面：

a. 需求表述清楚、无歧义。清楚明确地表达需求以保证任何阅读需求的人对需求的理解与解释是唯一的。歧义会导致需求存在多重解释，继而导致利益攸关方的期望可能无法得到满足。由于语言的局限性，很难完全消除歧义，可以通过一些附加的属性来获取更多信息。

b. 需求层级恰当。需求是对于设计者（或者实施人）的要求，编制需求应注意需求层级是否恰当。客户需求可能来自不同层级，如果用户给出的需求限定了具体的设计工作，就需要判断该条需求是否定义得恰当。

c. 表述一致性。在用以描述系统或者概念的需求文档中应采用相同的专业术语，且每条需求应符合标准的需求编写样式。

d. 需求编写应明确开展哪些工作以满足该条需求、具体哪个系统适用于该条需求。

e. 需求应定义在该层级需要完成的内容，但不应定义需求内容的实现方式。

（2）可度量（measurable）

每一条需求应可通过标准的方法来验证（试验、分析、相似性或设计）。不同类型的需求可以以不同的方式进行验证，必须建立明确的准则用以衡量每条需求实现的情况，如若未明确定义上述准则将无法证明需求的满足情况。理想的情况下，每一条需求应可通过一个单独的试验得到验证。如果一条需求需要多个试验方能得到验证，就应该将该条需求分解为多条需求。可以通过单个试验验证多条需求，但是这取决于是否可以将多条需求归类或者合并。需求不可验证的最常见原因有：没有明确规范正确的功能行为、条件和状态；在可接受的性能范围内缺乏准确性；使用模棱两可的术语；需求不合理。

（3）可实现（achievable）

需要请设计人员参与需求定义的工作，参与需求定义的设计人员必须有足够的专业知识以判断需求是否可实现。对于需要开发系统的情况，则要求相关系统设计人员参加需求定义的工作。同时，邀请其他利益攸关方（如航空公司）参加需求定义工作也可有效保证需求的可实现性。每一条需求应和行业标准中的相关内容一致。一般情况下，需求应满足相关的政府和行业的标准、规范等。

（4）现实性（realistic）

为实现某个需求，可以找到很多技术上可行的做法，但是必须考虑技术实施成本，要找到能够承受其成本的解决方案。针对一条不现实的需求讨论工作内容是毫无意义的，而且会导致项目成本超支和进度延误。因此，需求要满足现实性是指提出需求必须还要从项目成本上综合考虑。

（5）可追溯（tractability）

应保证每条需求可以追溯至该需求的来源。如果是用户需求，每一条都应可以追溯至相应的用户。应建立每一条需求与后续的确认、实现以及验证之间的链接关系。

2）需求集表述特征

为确保一组需求能满足利益攸关方的目的和约束，应将这组需求作为整体需求集来表述。需求集需要满足的特征包括：

（1）完整性（complete）

需求集包括与特定系统或系统部件定义有关的所有内容。

（2）一致性（consistent）

需求集彼此不矛盾或不重复，并且所有需求中相同项使用相同术语。

（3）可承受性（affordable）

需求集能够在生命周期的成本、进度、技术约束之内获得解决方案。

（4）受约束性（bounded）

需求集保持预期解决方案的定义范围，不超过用户所需。

3）需求表述用词和语法

本小节将介绍需求表述的用词规范和语法标准，定义各类需求的编写原则，使工程设计人员可以用标准的语法和标准的词汇来对需求进行准确的表述。

（1）需求表述语法

每一条单独的需求语句通常包含一个主语、一个谓语、一个宾语，如果需要也可删减成分或增加其他补充成分（条件、约束等）。主语是即将满足或执行需求的产品或活动执行者（对于非产品需求而言），谓语应以特定的能愿动词的标准格式出现，宾语则是一段关于什么必须进行的描述，状语描述的是需求发生的条件，定语是对主语或宾语的补充说明。

常见的需求语句形式有：

a."条件"+"主语"+"谓语"+"宾语"+"约束（状语）"

例如：当收到信号 x 时（条件），系统（主语）应在 2 秒内（约束）配置（谓语）信号接收字节（宾语）。

b."条件"+"主语"+"谓语"+"宾语"+"值（定语）"

例如：当处于状态 1 时（条件），雷达系统（主语）应能检测（谓语）范围在 100 英里内（值）的目标（宾语）。

其中主语是即将满足或执行需求的产品或责任单位。谓语应以标准的"能愿动词+动词"的格式出现。宾语是对产品应具备的能力和特征的描述。条件描述需求发生所需具备的条件。约束和值用于对系统的能力作限制或具体要求。

（2）能愿动词的使用

需求表述规范中的动词时态和预期非常重要，下面是规范中常用的"能愿动词"的形式：

a."应该"（shall）：需求是对设计者或实现者及其产生的产品的要求，动词的祈使形式"应该"用于识别需求。

b."将"（will）：带有"将"的说明用于确定将要发生，用于表示信息项，确切地说不解释为需求。

c."必须"（must）："必须"并不是需求，而被当作客户的强烈期望，可能是一个目的。"应该"比词语"必须"更可取，只有带"应该"的说明才是可验证的，且必须进行验证。如果"应该"和"必须"都用于陈述一系列需求，则意味着执行者的职责程度不同。

d. 其他形式："to be""is to be""are to be""should"和"should be"是动词不定形式，定义需求时这些用法应减至最少。这些并不是需求，而应被看作客户所期望的能力。

（3）避免使用不确定性用词

需求表述中，由于某些词语带有不确定性，应避免在需求中使用这类词语。

这些词语包括：

　　a. 最高级：如"最好"和"最多"；

　　b. 主观性的语言：如"用户友好的""易于使用"和"高成本效用"；

　　c. 指代不明的代词：如"他""她""这个""那个""他们""他们的""谁""它"和"哪个"；

　　d. 有歧义的副词和形容词：如"几乎总是""重要的""最小的""适时的""实时的""准确地""适当地""大约地""各种的""多重的""许多的""几个""有限的"和"相应地"；

　　e. 完全开放的无法验证的术语：如"提供保障""但不限于"和"至少"；

　　f. 比较级的词组：如"更好"和"更高质量"；

　　g. 有漏洞的词语：如"若可能""若合适"和"若适用"；

　　h. 其他不确定性词语：如"等""等等""待确定""待评审""待提供"。"待确定""待评审"和"待提供"项应由指定人员在项目收尾和期限日期内收录和记录在规范后面的表格内。

　　（4）需求表述示例

　　需求应以需求矩阵的形式规范记录，在需求规范中应根据项目情况标明需求标识、需求描述、需求来源和基本原理等信息。

　　表 1-1 以飞机的刹车系统为例，给出了飞机级需求规范示例。特别指出的是，审定需求的基本原理一般有可遵从的文档，而衍生需求由于是在设计过程中产生的，需要有相应的研究报告支持。

表 1-1　飞机级需求规范示例

需求标识	需求描述	需求来源	基本原理
S18-ACFT-R-0009	飞机应具备遵从 14CFR 25.735 的方法在地面减速的能力	14CFR 25.735	飞机审定所需的最低标准
S18-ACFT-R-0110	飞机应具备自动刹车功能	衍生	关于客户需要的市场研究（报告 MRS18-×××）要求具备自动着陆、自动刹车能力

需求标识	需求描述	需求来源	基本原理
S18 - ACFT - R - 0135	飞机应提供防滑功能	衍生	关于客户需要的市场研究（报告 MRS18 -×××）要求在所有天气条件下飞机在跑道上具备防滑功能
S18 - ACFT - R - 0184	飞机应具备液压驱动的刹车功能	衍生	权衡研究报告 TS18 -××××表明刹车系统采用液压驱动比电子驱动更实用、经济
S18 - ACFT - R - 0185	飞行员应被允许手动纠正自动刹车功能	14CFR 25.735 （c）（2）	自动刹车功能来自飞行员操作性设计需求，应允许手动纠正

1.4 需求开发过程

从概念上看，需求工程是一种以需求为驱动的贯穿于系统研制全生命周期的系统研制和管理技术，其通过系统性、规范性的活动进行需求捕获、定义、分析、确认和管理，使得目标和期望在一个产品中实现[2]。需求工程的目标是开发好的（不是完美的）需求，并在实施过程中针对它的风险和质量进行管理。

需求工程过程中的需求开发过程，包括需求捕获、需求分析、需求确认、需求验证四部分内容。

图 1 - 1 所示的 V 形模型描述了基于系统工程的通用产品研制流程，该模型清晰地表明，需求工程活动应贯穿于产品研发全生命周期，实施需求工程是开展正向设计自主创新研发的起点，也是贯彻系统工程方法论的关键。

V 形模型左侧表示系统研制过程中自上而下的需求定义与分解过程。项目启动伊始，需要从市场和利益攸关方那里捕获用户需求，进而通过需求捕获和需求分析将用户的需要和期望转化为系统级需求，基于系统级需求开展系统方案设计与定义，将系统需求分解为子系统需求，再基于子系统需求开展子系统级软硬件开发工作。通过以上过程将用户原始诉求通过需求工程活动层层传递

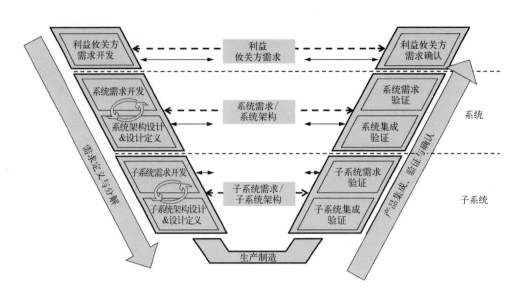

图 1-1 基于需求的产品研制流程

至产品研制工作各个层级，各层级依据需求开展产品开发工作，以最终满足客户需求。

需要指出的是，虽然不同的产品所划分的子系统层级有所不同，但每一层级需进行的基本需求工程活动是一致的，即在每一层级都需经历需求开发、架构设计和设计定义的反复迭代，可确保需求自上而下逐层分解，每一层级的需求满足上一层级的需求，每一层级的设计解决方案满足所在层级需求，每一层级交付的产品满足所在层级需求，最后的交付产品满足用户需求。

V 形模型右侧则表示自下而上的产品集成、验证与产品确认过程。采用检查、评审、分析、试验和仿真等方法验证所设计的产品或者系统满足相应层级的需求，最终的产品则通过用户对产品的确认实现产品的最终交付。

1.4.1 需求捕获与定义

1）利益攸关方识别

利益攸关方是指对满足其需要和期望的系统或系统具有的特性具有权利、份额、声明或兴趣的个人或组织。

利益攸关方包括但不限于终端用户、终端用户组织、支持者、开发者、生产者、训练者、维护者、退役处理者、采购方、客户、运行者、供应方组织、授权者及法规机构。

识别利益攸关方并正确捕获其需要，是全面、正确捕获飞机需求的前提和基础。图 1-2 展示了一项典型的民机利益攸关方识别案例。

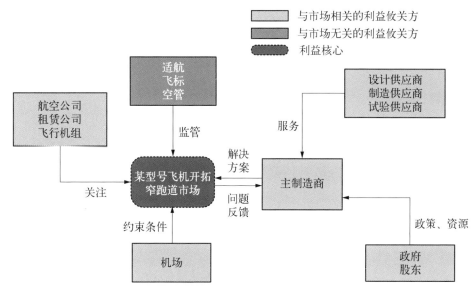

图 1-2　典型的利益攸关方识别案例

这些利益攸关方中，最重要的是该型号飞机的主制造商。作为主制造商，必须解决窄跑道运行的问题，然后才能得到这部分市场为其带来的商业回报。其次是客户，比如航空公司、租赁公司和飞行机组等。窄跑道运行问题解决的程度决定了客户是否愿意购买和使用这款飞机。此外，利益攸关方还包括监管方、机场、供应商和投资方等。

在明确了某型号飞机窄跑道运行问题的利益攸关方后，应组建一支由市场分析、总体设计、适航工程、客服运行支持等多个专业组成的利益攸关方需要捕获团队，该团队通过与每一个利益攸关方进行采访、交流、调查等，充分获取他们的需要。

2）运行场景识别

飞机运行场景是指人员行为、飞行阶段、内外部环境（着火、大气、地形和电磁等）以及飞机内部状态（故障）的组合。通过分析飞机及其功能在各种场景中的行为活动及外部交互关系，开展基于场景分析的需求捕获，从而保证所捕获的需求具备完整性。

为全面捕获飞机各层级需求和便于开展飞机与系统各项设计分析，必须尽可能全面准确地识别出飞机及其功能相关的运行场景，正确分析在各种场景中的行为活动及外部交互关系（见图 1-3）。

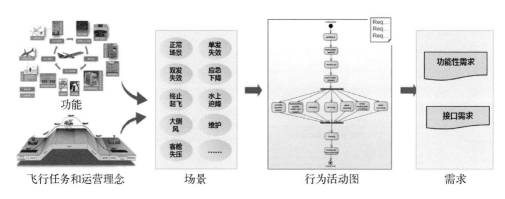

图 1-3　基于场景分析的需求捕获示例

3）需求捕获

在商用飞机研制过程中，需求工程师不仅需要考虑直接用户（飞机制造商）、最终用户（航空公司、维护维修企业以及乘客）的需要，还需要考虑政府监管部门（工业和信息化部、民用航空局等）等其他利益攸关方的需求。捕获包括运行环境、飞行循环、产品安装推力、耗油率、重量及尺寸、噪声、排放、寿命、操纵性、可靠性、安全性等方面的需求。

须捕获航空公司与维护运营机构用户的需求如下：

a. 客户服务周期要求；

b. 客户支援、商务服务及担保要求；

c. 工程技术支援要求；

d. 技术出版物要求；

e. 航材支援要求；

f. 培训服务要求；

g. 修理和大修要求；

h. 产品报废处置支持要求；

i. 信息技术要求；

j. 与客户相关的产品一般设计要求。

须捕获适航规章的需求如下：

a. CCAR-33/FAR 33/CS-E；

b. CCAR-34/FAR 34/CS 34；

c. CCAR-25/FAR 25/CS 25；

d. CCAR-36/FAR 36/CS 36。

将原始的需求以结构化形式进行分解和管理，这些结构化的需求成为所有后续开发活动的基础，并对捕获的需求进行分类。需求类型主要包括：安全性需求、功能需求、审定需求以及衍生需求，其中功能需求又包括客户需求、运营需求、性能需求、物理和安装需求、接口需求。

对于系统级来说，需求捕获工作主要是对利益攸关方提出的需求进行整理合并，形成产品顶层需求文档。对于子系统级来说，则是对上一级系统提出的需求进行整理合并，形成该层级需求文档。以民用飞机研制为例，通过梳理飞机方、上级机关、航空公司以及适航当局等的需求形成利益攸关方需求文档；由研制总要求承接客户需求并分解落实形成整机级需求文档；由总体要求（性能、结构、强度、"四性"等设计要求）承接研制总要求形成系统级需求文档；由部件系统设计要求承接系统需求形成子系统级需求文档；由零部件设计要求承接部件系统设计要求形成更下一级子系统需求文档。

4）需求定义

在产品开发过程初期，设计人员必须捕获、建立和确认所有的系统需求。完整的、正确的需求最后被归集形成"需求文档"。需求定义的过程就是将捕获的需求进行格式化、文档化的过程。

需求文档的初稿一般是根据以前的项目经验来编写。对于需求定义工程师来说，至关重要的是要将需求追溯到上一层级需求，确保追溯性和一致性。

下一层级需求的定义及表述，最好不同于飞机级需求中的文字表述，需求的措辞和内容必须适应不同级别的特点（例如，"飞机应……""××系统应……"）。需求团队需做大量工作，而不是对上级别需求的简单"复制和粘贴"。

通过可追溯性控制，将低级别需求与上层需求建立联系，可保证较低层级需求的完整性。同时可确定该层级需求是否太多太少。

除了上层分解而来的需求，在本层级还将自身产生需求，如"系统安装需求"和"设备安装需求"。这些需求保证管路、连接件和支架等设计满足飞机系统的需求。

典型的需求定义过程如图 1－4 所示。

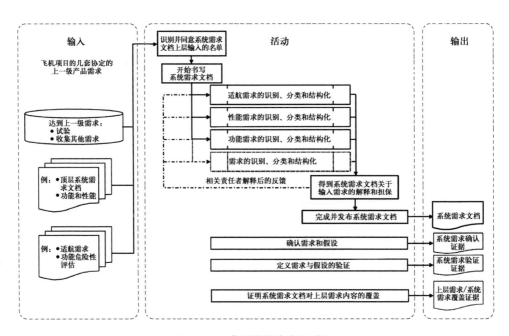

图 1－4　典型的需求定义过程

飞机需求定义的主要活动描述如下：

（1）识别和分析上层输入

从飞机级功能清单选取某项待分析的功能，识别该功能适用的上层输入或约束，建立与该功能相关的输入信息列表，分析输入信息的适用性。该活动的输入、输出如下。

a. 输入：飞机级功能定义文档、上层设计需求文档、适航规章（如 CCAR‑25 等）、咨询通告、行业标准、客户要求等。

b. 输出：适用的上层输入信息列表。以"收放起落架"功能为例，上层设计需求文档可以为"设计起落架操作速度应为××节（放下）、××节（收起）""起落架应急放应采用液压开锁，靠重力和气动力放下"。

（2）识别和分析功能运行场景

基于场景开展功能性需求捕获是保证需求正确性和完整性的有效方法，针对选取的飞机级功能，识别全生命周期中该功能相关的所有运行场景。该活动的输入、输出如下。

a. 输入：典型运行场景库、适航规章、咨询通告等。

b. 输出：适用的功能运行场景。以"收放起落架"为例，需考虑的场景主要包括正常起飞、正常进近、单发失效、双发失效、地面维护。

（3）识别和分析功能的内外部交互

识别不同场景下功能运行过程所涉及的内外部交互，分析交互对象对该功能的交互（包括信息、能源等）。其中外部交互对象是指机组、乘组、旅客、勤务等功能直接使用或受用方，内部交互对象是指与该功能有直接交联的其他飞机级功能。该活动的输入、输出如下。

a. 输入：典型运行场景库、以往型号设计经验、竞争机型的技术等。

b. 输出：内外部交互对象和交互关系。以"收放起落架"功能为例，在正常起飞场景下其外部交互对象包括机组、乘组和乘客，应为机组提供收放起落架的操作输入和状态显示，为确保机组、乘组和乘客的舒适性应降低起落架收放过程产生的振动和噪声；内部交互对象包括"提供和分配液压源""提供升阻控制"

等同层级功能，"提供和分配液压源"功能应为"收放起落架"功能提供所需压力和流量的液压能，"收放起落架"功能应为"提供升阻控制"提供轮载信号用以判断空地状态。

（4）识别和分析功能运行活动

识别不同场景下的功能运行活动，分析活动之间的逻辑关系，完整描述功能在不同场景下的运行过程和特征。该活动的输入、输出如下。

a. 输入：以往型号设计经验、竞争机型的技术等。

b. 输出：不同运行场景下的功能运行活动。

（5）捕获飞机需求

根据已识别的上层输入信息、内外部交互对象和交互关系，分析为执行各场景功能运行活动的必要能力和要求，逐一用格式化的需求语言表达，形成相应的功能性需求。该活动的输入、输出如下。

a. 输入：以往型号设计经验、竞争机型的技术等。适用的上层输入信息列表、识别的内外部交互对象和交互关系、以往型号设计经验、竞争机型的技术等。

b. 输出：初步捕获的飞机级功能性需求。以"收放起落架"功能为例，在正常起飞场景下初步捕获的功能性需求有飞机应在机轮承载时防止起落架收起；飞机应提供起落架和起落架舱门状态信息；飞机应提供轮载信息；飞机应能在空速不超过××节下收起起落架；飞机应在前起落架收起进入前起落架舱后对机轮进行止转。

（6）整合完善功能性需求

将初步捕获的飞机级功能性需求进行完善和整合，检查需求的正确性（表述无歧义，内容完备），保证需求的一致性（需求之间无冲突），对相似性高、彼此冗余的需求进行合并或删除。将完善和整合的需求导入需求管理平台，生成唯一的可识别的需求身份标识（ID）号，填写相关需求属性（如功能研制保证等级、需求分配、成熟度等）。该活动的输入、输出如下。

a. 输入：初步捕获的飞机级功能性需求。

b. 输出：已完善的飞机级功能性需求。

（7）明确需求的来源和依据

确定每条飞机级功能性需求对应的上层输入，在需求管理平台建立相应的追溯关系；对于部分无法识别需求源的需求（即衍生需求），为了说明需求的必须性和合理性，应给出相应的依据。该活动的输入、输出如下。

a. 输入：适用的上层输入信息列表。

b. 输出：标识的需求来源或依据。以"收放起落架"功能为例，需求来源分别为 CCAR－25－R4 规章第 25.109 条（g）款、第 25.1515 条，以及飞机设计目标与要求。

（8）编制飞机需求文档

在需求管理平台完成需求和需求属性的填写后，编制飞机需求文档并在产品数据平台完成签署和发布。该活动的输入、输出如下。

a. 输入：需求文档编制模板。

b. 输出：发布的飞机需求文档。以"收放起落架"功能为例，当完成需求和需求属性的正确填写，并达到一定成熟度后，可与其他同层级功能整合成若干份需求文档，在产品数据平台完成签署和发布。

5）假设识别

假设是指在飞机需求定义、设计实现过程中，由于飞机与系统设计反复迭代，在没有完全明确物理实现的情况下，而假定的一些"条件"，这些条件是"未经证明的陈述、原理和/或根据"，但它将来往往会表明是可行的。

需求的假设可能在研制过程的早期就已经被使用，作为以后能够得到的更明确理解的替代。飞机和系统的研制是迭代的、并行的，不仅是自上而下的，也可能会有自下而上的影响。系统内相互关联的设备和软硬件可能在不同的研制阶段支持系统设计过程。为了推进特定系统的研制，有时不得不基于假设来开展工作。

对于需求的假设来讲，假设是需求的条件，一般作为需求的属性进行记录，假设的改变一般会影响需求的表达。需求的场景/工况条件不作为假设（例如，"双发失效时，液压系统应能提供液压以打开至少一对减速板"，双发失效为该需求的工况，无论是否发生双发失效系统都应具备该功能，不应作为假设）。对于一条带假设的需求，其假设未确认，该假设下的需求也不可能被确认。

基于 SAE ARP4754A 标准，假设主要分为以下四类：

（1）运行/环境假设

假设要考虑与空中管制、维护、货物、人员、飞行动力学、性能、操作程序和乘客相关的运行/环境假设（如暴露时间、交通密度、维修间隔、性能限制）。通常很难或不可能与这些系统的所有者在需求方面达成一致，这就需要飞机设计人员假设飞机操作、运行环境。当在运行环境上达成一致时，其他个体、文档和/或标准可能可以代表这些系统的所有者。例如，适航当局不仅在法规上也可在交通密度的假设方面代表空中交通管理系统。

（2）与机组接口、系统接口以及可靠性相关的设计假设

a. 机组接口的假设包括：机组和设备及其在正常状态下以及应急状态下操作环境的交互作用、成员行为特点（如反应时间、身体限制），以及机组之间的交互。例如，机组对不同类型信息的反应时间，事件的识别时间，决策的制订方法，对物理外形、视觉形式、颜色及动态行为辨别的准确性。

b. 系统接口的假设包括：通过系统接口的假设来处理与所交换数据的含义或逻辑关系相关的问题（如格式、完整性和解决方案）；系统接口的假设也可能关注于数据信号的物理特性（如电压水平、阻抗、信噪比）。例如，数据总线信息误读的概率，所有相关接口系统错误数据的正确处理，故障包容，错误输入的特性。

c. 可靠性方面的假设包括：生命周期失效率模型是否适当；对于无效派遣的考虑，计划维修任务及其频率是否适当，零件的降额是否适当，对于潜在失效的潜伏性和暴露周期的考虑，失效模式分析的完整性，确立或证明平均故障时间（MTBF）试验预计的数据是否适当，已服役零件的适用性。

（3）运营假设

运营假设通常是确认运营和审定维修的相关措施不会降低安全性。可通过对检修和修理程序进行评审来确认该类假设。

（4）安装假设

安装假设是指分割、隔离、线缆绑定、线规、环境、供电、断路器规格、通

风、排水、污染源、装配、接地和屏蔽等方面的假设。可通过评审进行安装假设的确认，具体方法包括：与工业标准和惯例进行对比、有选择的试验和/或样机检查、原型机或产品图评审、硬件的评审。

6）需求分析

需求分析是为保证最终能够提供满足利益攸关方需求的产品，从专业技术角度（包括设计、生产、装配、试验、维护）出发，分析已定义的利益攸关方需求。即从研发者的视角阐述如何将利益攸关方需求转化为系统研发的技术要求，并严格保持系统需求（技术要求）与利益攸关方需求之间的追溯性。每条系统需求都应满足如下条件：

a. 必要：即每条需求应以验证的形式产生必要的验证工作，包括制订验证方法、验证准则，捕获验证程序、验证结果；

b. 可独立实施：即针对每条需求制订的验证方法、验证程序的实施办法，不需要依赖除研制中的飞机及相关设备之外的其他系统；

c. 清晰、简洁：即需求的语言表达应该易于理解，无歧义且不需要过多的解释；

d. 完整：即需求的技术描述应该是完整的，具备明确的性能测量指标（MOP）；

e. 一致：即需求的技术描述应与适用的标准、规范等文档相一致；

f. 可实现：即每条需求在后续设计及其他研制工作中都应该是可实现的；

g. 可追溯：即每条需求都能追溯到明确的需求来源，如利益攸关方需求；

h. 可验证：即制订的验证方法、验证程序在该项目实施中应该是可实现的，对相关的验证设备、人员及相关技术能力均进行了充分考虑。

1.4.2　需求确认与分配

1）需求确认

需求确认[8] 是确认已分析的系统需求集合可以满足客户、使用者、维修人员、适航当局，以及飞机、系统和项目的开发者的需求，以识别缺失、矛盾及不正确的需求。需求确认应该在设计活动开始之前进行，以保证驱动设计活动的所有需求是正确的、完整的。同时制订系统的确认计划，为系统确认提供必要依据。经验表明，重视需求的定义与确认可以在研制周期的早期识别错误和遗漏的需求，并且减少随之带来的重新设计和系统无法满足需求的风险。

判断该需求集是否满足利益攸关方需求，应从两方面确认：

a. 确认该需求集提供的概念方案描述，能够满足由利益攸关方需求确定的特定条件下系统应具备的能力说明。

b. 确认该需求集提供的概念方案描述，在由利益攸关方需求确定的系统开发约束条件之内。

需求确认有多种方法，这些方法包括追溯、分析、建模/仿真、测试、相似性和工程评审。确认应考虑预期和非预期功能。在确认预期功能的需求时，应评估预期功能的需求是否能通过目标符合/不符合准则。试验和分析期间应保持警惕性，以确定系统/部件非预期的运行或负面影响。当不能直接确认是否存在非预期功能时，可通过专门的试验和具有针对性的分析来降低非预期功能出现的概率。

需求确认过程中对于带假设的需求，应先对其假设进行确认，记录假设确认的证据。如果一条需求基于一个或者多个假设而定义，那么只要需求所采用的假设没有得到确认，这条需求就不会被确认。

假设的确认过程主要是确保假设说明清晰，传递准确，能通过支撑证据来证明是合理的。用于确认假设的方法包括工程评审、分析和试验。一个错误假设的结果极可能降低安全性，所以确认应能表明系统是如何设计，也就是如何限制错误假设可能导致的结果。

2）需求分配

需求分配是定义或识别满足已确认需求集的系统物理架构（或参考物理架构），同时逐级向各构型项（CI）分配需求的过程。需求分配通常与架构设计工作并行开展。

（1）定义系统的功能架构

根据已确认的系统功能，进行功能分析以识别实现该功能所需的所有功能单元，明确各功能单元之间以及功能单元与外部系统之间的关系和接口，每个层级上的功能分析工作进行到支持该功能单元集成所需的深度。该功能分析工作在各层级系统上迭代、递归进行，直至识别出最底层的功能单元，形成系统的功能架构。

（2）定义系统的物理架构

按照功能架构向每个功能单元分配需求，包括已确认的系统需求（含功能需求、性能需求、接口需求、约束需求和非功能需求）、功能架构设计中的衍生需求。根据分配给每个功能单元的全部需求，识别并优选可承担相应任务的物理的组成单元，即技术状态项。确定各技术状态项之间的接口定义及集成准则，从而定义系统的物理架构。

（3）确认物理架构

物理架构的确认包括两方面：确认该物理架构承接了全部系统需求，可作为设计活动的依据；确认分配到各技术状态项的需求是合理、必要的，能够为技术状态项的实施、验证提供所需的技术定义。

1.4.3 需求验证

根据需求类型及功能逻辑关系，将需求分组并制订系统的验证工作计划，包括验证的责任主体、验证策略以及具体验证工作安排。

需求验证包括设计验证和产品验证两种方式，其主要目的是保持架构设计、最终产品与系统需求的一致性。

设计验证的目的是早期识别设计错误及与需求不一致的设计问题，保证技术状态项的设计与已分配的需求一致。设计验证在系统工程 V 形生命周期模型的左侧进行，常用的验证方法包括理论分析、计算仿真分析、虚拟装配及演示验证等。

产品验证的目的是检查按设计要求构建的产品是否满足已分配的需求，常用的验证方法包括检查（或检验）验证、检测、装配验证、试验验证、产品试用等。只有在真实部件被加工、装配后，才能进行产品验证，因此产品验证在系统工程 V 形生命周期模型的右侧进行。

根据需求分析中制订的验证工作计划，同步捕获验证程序、验证结果，并评估验证程序、验证结果与验证方法、需求内容的符合状态，以及不符合项纠正活动的数据信息。

1.4.4　需求管理

1）需求追溯

（1）需求追溯的目标和过程

需求管理的一项重要任务是在整个研制过程中支持需求的可追溯性。

在系统研制生命周期中，需求并不是稳定的，而是不断发展变化的。随着研制工作的开展，往往伴随着需求的衍生、发展、细化，以及新需求的提出。需求追溯是管理上述需求发展变化提供手段和方法，同时可以管理与这些变化需求相关的工作产物。

需求追溯的目标是在需求和需求之间、需求和设计产物之间建立追溯及链接关系，以确保下层需求和设计，与上层需求具有符合性和一致性，同时确保上层需求被下层需求和设计覆盖及满足。

保持需求的可追溯性可以帮助项目人员确认研制过程中的重要活动是否完成，以及设计产物是否满足需求。建立需求可追溯性的意义如下。

a. 需求的可追溯性信息可以支持不同的系统开发活动；

b. 需求的可追溯性信息质量影响着已开发系统的质量；

c. 需求的可追溯性信息有助于需求的确认与验证活动。

需求追溯流程通常包括如下活动。

a. 确定需求追溯创建时间：需求追溯一般是在需求基线形成后建立的。在需求尚未明确、尚未稳定的情况下创建需求追溯，无法保证追溯对象的相对稳定性，会增加维护频度；

b. 建立需求追溯矩阵：需求追溯可以通过不同需求条目之间的链接关系来创建。通过需求追溯矩阵的建立，保证"需求-设计-实现-测试"之间的一致性和完整性；

c. 维护需求追溯矩阵：随着产品研制的推进以及产品需求的变更，需求追溯矩阵需要及时维护，以始终保证产品本身和追溯矩阵的内容的一致性和完整性。

（2）可追溯性

有许多方法可以表示多对多关系。一名顾问在进行客户可追溯性审计之前拜访某国防供应商，发现办公室已准备就绪。地板上一边放着需求文档，另一边放着代码清单。可追溯性用文档之间捆扎的绳子表示。这种方法既费空间，又费时间，而且还不能维护，不方便携带，但是确实起到了一定的作用。

许多工程师将会看到可追溯性矩阵作为相关文档的附录。例如：这两个维度在一根轴上确定用户需求，在另一根轴上确定系统需求，在存在某种关系的单元格中做出标记。这种方法有很多缺点：

a. 如果两根轴上都有大量语句要做索引，那么可能会由于纸张或屏幕太小，而无法显示足够的信息；

b. 可追溯性关系往往比较松散，导致矩阵中的大多数单元格出现空白，浪费空间；

c. 在多个单独矩阵中呈现多个可追溯性层级比较困难；

d. 有关可追溯性的信息与需求细节分离。

另一种方法是使用可以突出显示语句的超链接文档，链接到其他语句，并且可以在任意方向随意切换。这种方法虽然可以在语句文本中看到可追溯性信息，但是仍然存在问题：

a. 若要进行分析，可能必须在看到另一端的文本之前切换链接。

b. 从语句本身很难发现超链接的另一端被删除，这会导致出现悬空链接，使可追溯性难以维护。

无论使用什么方法，除非有工具支持，否则很难管理可追溯性。

最简单的可追溯性是通过使用某种类型的数据库支持将语句链接在一起来实

现。将链接信息与文档分开保存会很有用。语句相互独立，并且可唯一识别非常重要。

考虑到分析，实现可追溯性的基本能力如下：

a. 能够在语句之间创建链接，从而形成允许的关系。

b. 能够以受控方式删除语句之间的链接。

c. 能够在选定关系的两端同时查看语句文本（或其他属性）。

d. 能够进行覆盖率分析，以说明语句是否被所选关系包含。

e. 能够进行单级和多级影响分析，以说明一系列受影响的语句。

f. 能够进行单级和多级派生分析，以说明一系列初始语句。

g. 能够进行向上和向下的覆盖率分析，以说明被所选关系覆盖和不被覆盖的一系列语句。

（3）可追溯性度量

围绕满足关系，深入各层需求，着重论述可追溯性的三个维度。

a. 宽度：满足关系在某一层级向上或向下覆盖的程度如何。

宽度与覆盖率有关，属于阶段度量。它可以利用覆盖率度量在单个阶段创建可追溯性的过程进度。宽度着眼于单一层级，度量相邻的上一层级或下一层级，或涉及验证的周边层级覆盖的需求。

b. 深度：层级之间的满足关系向下或向上延伸的深度如何。

深度涉及可追溯性从一个给定层级向上或向下扩展的层数，是一个整体尺度。它用于确定最低层级需求的来源，即有多少部件需求实际从利益攸关方需求开始向下展开，有多少需求源于设计。

c. 增长：满足关系通过层级向下展开的程度如何。

增长更加有趣，它与潜在变更影响有关。它可以呈现有多少较低层级需求与高层级的单个需求有关。只有在对特定组织开发特定类型的系统有了相当多的经验之后，才能开始确定各层级之间的需求增长系数是什么。然而，更有用的做法是研究需求之间的增长平衡，作为识别潜在不当需求或者过程应用中的不平衡的手段。

2）需求变更管理

从早期的需求分析到后期的系统设计实现，需求变更可能发生在系统生命周期的各个阶段。在系统研制过程中，需求变更往往是不可避免的。所以，进行需求变更管理时，规划和管理项目的时间和进度是非常重要的。

需求变更的产生原因主要有：

a. 利益攸关方期望的改变（拓展、删减、变更）；

b. 发现早期设计实现中的缺陷；

c. 其他外因造成的改变（包括政府/法律/审定部门的约束变化）。

需求变更管理流程的目标是通过请求变更、判断变更可实现性、评估变更影响、计划变更管理、执行变更管理等一系列活动，支持和管理变更的发生，并且保证变更的可追溯性。

需求变更管理流程通常包括如下活动。

a. 识别潜在的变更；

b. 发起变更请求；

c. 分析变更：进行影响分析，评估实施变更所需花费的工作量；

d. 评估变更：基于影响分析得到的工作量估算，对实现这个变更请求的成本与收益进行评估，决定是否实施变更；

e. 计划变更：根据变更的优先级排序制订变更计划；

f. 实施变更，并监控变更实施的结果；

g. 评审并关闭变更；

h. 部署变更后的配置。

3）需求优先级排序

在系统研制阶段，由于资源的约束和限制（如时间、工作量、人员），并非所有的需求都能被同等地考虑或实现。为了保证被限制的资源能充分用来实现尽可能重要、尽可能完整的需求，已确认的需求通常应进行优先级排序。

需求的优先级刻画了一个需求在一个或多个优先级排序标准下的重要性。需求优先级排序的目标是为需求确定其重要性排序，保证在有限资源条件下，可以优先实现重要性高的需求，保证更重要、更完整的需求被满足。

需求的优先级可以被单独确定，也可以经过成对比较后确定。

需求的优先级排序活动流程如下。

a. 确定涉众：开发团队、项目管理团队、客户/用户、其他利益攸关方。

b. 选择候选排序需求：一般从层级较高的需求开始。

c. 选择优先级排序标准，常见标准包括如下。

a）重要性：一个需求的重要性标准涉及多个方面，如实现该需求的紧迫性，需求对系统验收的重要性等。

b）成本：完成需求所需的财政资源。

c）损害：忽视需求所带来的损失或者缺陷的程度。

d）持续期：实现需求所需花费的时间。

c）风险：实现需求时带来的风险，风险可以基于其发生的概率和所带来的损害来评估。

f）动荡性：在开发期或者系统生命周期中，需求发生变更的可能性。

d. 选择优先级排序技术：常用排序技术包括单标准分类、Kano 分类①、二维标准分类、成本-价值方法。

e. 完成优先级排序。

1.5　确认与验证的局限性

民用飞机需求确认与验证是一个非常重要的过程，它有助于确保飞机的安全性、可靠性和舒适性。然而，民用飞机需求确认与验证也存在一些局限性，这些局限性，需要在飞机研制过程中谨慎考虑，包括但不限于如下局限性。

a. 需求变化。在飞机研制过程中，航空公司或其他客户的需求可能会发生变化，这可能导致之前确认或验证的需求不再适应。例如，航空公司之前要求飞

① 东京理科大学教授 Noriaki Kano 发明的对用户需求分类和优先排序的工具。

机提供更大的储物空间，但后续的工作中，他们提出这样会影响乘客的舒适性和飞机的运行成本，此时就需要重新确认与验证新的需求。

b. 需求不完整。在飞机研制过程中，有些需求可能没有被完全识别或记录下来，导致在确认与验证时出现遗漏。例如，客户曾要求提供更好的空气品质，如湿度控制，设计师考虑实现成本太高且很多飞机也没有提供类似功能，就没有理会，但后续与客户的需求沟通过程中，这一需要变得非常重要，因此相关确认与验证工作也将进行补充。

c. 需求冲突。不同需求之间可能存在冲突，这可能需要在确认与验证时进行调整和妥协。例如，航空公司需要研制方设计更大的旅客座椅宽度，但是这可能会导致客舱座位数量减少，确认与验证时就应解决这一问题。

d. 需求误解。需求可能被不同的人以不同的方式理解，导致在确认与验证时存在误解或误导。例如，设计一个新的飞机座椅时，设计师可能会误解乘客会需要更多的空间来放置私人物品，而实际上乘客需要更多的腿部空间来保证舒适性。

e. 验证方式的限制。通常来说，验证方式的选择也可能存在较多的局限。例如某些需求难以通过早期的分析或仿真进行验证。比如舱内噪声指标，仅通过设计方案阶段的计算分析或仿真难以准确评估，非得等到实际飞行时进行测试，这将为设计阶段的验证带来不确定性。

鉴于上述局限性的存在，民用飞机主制造商需要在进行需求的确认与验证时，仔细考虑这些局限性，与航空公司和其他客户进行充分的沟通与协商，以确保最终生产的飞机能满足客户需求和质量标准。

2　工业标准与行业实践

2.1　确认与验证工业标准

2.1.1　SAE 工业标准

1）高度综合和复杂飞机系统合格审定需考虑的问题

（1）确认

SAE ARP4754A 标准涉及确认的章节为"5.4　Requirements Validation"（需求确认）。

需求确认是对需求及其具体假设的确认，保证特定需求是充分正确和完整的，使产品符合适用的适航要求的过程。确认是客观过程和主观过程的结合。

在表明对 JAR/FAR 25.1301 和 JAR/FAR 25.1309 符合性的过程中，确认过程从功能和安全两个方面，支持需求的形成，并产生一套完整的需求。确认过程将论证每个需求。

站在理想化平稳推进研制过程的角度考虑，在开始设计前就应进行需求的确认。实际上，特别是对于复杂和综合的系统，直到系统本身已可使用，且可在运行环境中进行测试之前，可能都难以获得这些需求产生的全部结果的必要可见性。因此，确认通常是贯穿整个研制周期的阶段性过程。在每个阶段，确认活动在需求的完整性和正确性方面提升置信度。

在需求层次结构的每个层级，确认过程应涉及所有技术相关的条目，包括安全性评估产生的需求。经验表明，注重需求的定义和确认过程，可以在研制初期识别细微的错误或疏漏，减少后续重新设计或不满足系统性能事件的发生概率。

当将系统运行作为需求确认过程的一部分时，单个试验可以同时用于验证和确认。该活动的目的之一是，检查已实现的系统是否满足需求；另一个目的是，检查需求是否适用于该系统运行的环境。应协调验证和确认计划，以考虑这两个目的。

确认过程的目标是保证需求的正确性与完整性。在系统需求的定义中，错误可以由三个主要原因引发：

a. 含糊不清；

b. 不正确的描述；

c. 不完全的描述（如遗漏）。

确认过程应充分覆盖所有潜在的缺陷。确认的关键是对需求进行检查，保证它们的必要性和充分性。确认过程的进一步目标是，限制系统中出现非预期功能或在相关系统引入非预期功能的可能性。

该文档对正确性和完整性的定义如下：

a. 需求陈述的正确性是指属性中不存在模糊或错误；

b. 需求陈述的完整性是指不遗漏任何属性，且这些陈述均是必要的。

用于确认过程的模型应在需求层次结构的每个层级确认需求和假设，包括在飞机功能、系统和部件层级需求的确认，以及功能危害性评估（FHA）的确认。通常，较高层级需求和假设的确认是较低层级确认的基础。

（2）验证

该标准涉及验证的章节为"5.5　Implement Verification"（实施验证）。

验证的目的是表明每一层级的实施满足了规定的需求。依照验证计划，验证活动包括检查、评审、分析、试验和运营经验。

a. 验证过程的目标。验证过程的目标包括如下三个。

a）确定预期的功能已经正确地得以实现；

b）所有的需求都已经得以满足；

c）确保对所实现的系统进行的安全性分析仍然是有效的。

b. 验证过程模型。验证过程包括如下三个不同的部分。

a）计划：包括必需的资源、活动的先后次序、生成的数据、所需信息的校对、具体工作和评估准则的选择、相关的硬件和软件；

b）活动：包括在活动中所使用的验证方法；

c）数据：包括在验证过程中所产生结果的证据。

c. 验证计划。验证计划的目的是定义使每一项需求达到验证目标的验证流程和准则。验证计划确立了实现过程如何满足需求的策略，典型的验证计划可能包括：开展验证活动的人员/组织及其职责；描述设计和验证工作的独立性程度；应用的验证方法；产生的验证数据；相关工作之间的序列；关键验证活动的进度时间表。在计划阶段应开展以下的活动：

a）识别系统或部件配置，包括任何特殊测试设备、设施的定义，以及任何需要验证的特殊硬件或软件特性；

b）整理所有级别相适应的需求，包括衍生的需求及其可追溯性；

c）基于研制保证等级，定义运用的验证方法，以表明每个需求的符合性；

d）定义由每个应用的验证方法（例如：成功准则）导致的证据的评估准则；

e）确定因硬件或软件验证活动而得到的系统验证置信度。

d. 验证过程的输入。输入包括一系列被实现的系统或部件的文档化需求，以及需验证的系统或部件的完整描述。

e. 验证方法。为了验证所实现的系统满足了在预定运行环境下的功能和设计需求，有下述四种基本方法可用于系统或部件的验证，采用哪种方法，一般由验证的等级（系统研制保证等级）来确定，也有可能需要用多种验证方法来证明对需求的符合性，例如，需求分析与物理试验同时使用以确保覆盖了最严重的情况。

a）检查或评审：检查和评审证明产品符合其需求。通常使用检查表或类似的辅助工具。评审的典型类型如下：检查系统或部件满足建立的物理实现和工艺需求；设计评审表明系统或部件在正常和异常条件下的期望的运行；测试评审确定测试用例对系统或项目需求的适用性。

b）分析：通过对系统或部件进行详细的检查（如功能、性能），分析可以提供符合性证据。分析方法包括但不限于以下描述的内容：建模——复杂系统确定性的系统建模可以完全是计算或是计算与试验相结合的；建模可用于系统参数评估，提供早期系统信息或其他用途。覆盖性分析——用来确定在整个研制和验证工作中需求被满足的程度，这通常使用某种形式的追溯性来实现覆盖性分析。

c）试验：试验通过运行系统或部件来验证需求被满足，并提供可复验的正确性证据。试验包含以下两个目标：① 表明所实现的系统和部件执行了其预期的功能。对预期功能进行的试验包括对需求中确立的目标通过/失败准则的评估。② 提供证据说明被实现的系统不会执行影响安全性的非预期功能（不是设计中的已知部分）。临时试验，以及在正常试验期间的特殊警惕性，可用于识别非预期的系统或部件运行或副作用。应该注意的是，不能通过试验来建立完全没有预期的功能。试验在全部或部分物理系统或部件上执行，或者使用详细记录的过程在适当的验证模型上执行，以便能够重现试验结果。应报告试验中发现的问题，跟踪纠正措施，并对修改后的项目进行重新试验。对于每个试验，应指定以下内容：① 要求的输入；② 所需的行动；③ 预期结果和与这些结果相关的公差。试验结果数据至少应包含以下内容：① 使用的试验规范版本；② 试验系统或部件的版本；③ 所使用的工具和设备的版本或参考标准，以及适用的校准数据；④ 每次试验的结果，包括通过或失败的声明；⑤ 预期结果与实际结果的差异；⑥ 试验过程的成功或失败的陈述，包括其与验证程序的关系。

d）相似性和服役经验：验证的置信度可能来源于对设计和安装的评定，以及其他飞机上相同系统的或其他相似系统的合格服役经验的证明。此方法应使用已记录的经验以及工程与运行判断一起来表明在安装中无尚未解决的重大失效。

f. 验证数据。验证数据可以提供证据，说明验证过程按计划执行。这些证据可作为需求符合性证据，并支持合格审定数据的要求。一种合理的方法是在研制中始终根据验证矩阵来开展工作，并生成验证总结报告。DO－178B/ED－12B[6]中包含了对软件验证的需求，DO－254/ED－80[7] 中包含了对电子硬件验证的需求。对软件和电子硬件验证过程的总结应包含在所嵌入系统的验证数据中。

g. 验证程序。对验证程序以及获得的验证结果进行必要的描述，可以为验证结果的适当性提供证据。在验证预期功能的过程中，应报告任何发现的异常状态（如非预期的功能或不正确的性能）以使其得以评审。

h. 验证矩阵。应生成验证矩阵或等效的追溯性文档，以追溯验证过程的状态。该验证矩阵的详细程度取决于所验证系统或部件的研制保证等级。虽然具体矩阵格式由申请人来确定，但至少包括：

a）需求；

b）相关的功能；

c）研制保证等级；

d）使用的验证方法；

e）验证结论（通过或失败）；

f）验证覆盖性总结（相关程序和导致的系统或部件需求）。

i. 验证总结。验证总结提供了清晰明确的证据，这些证据用来表明系统或部件的实现满足了相应的需求。验证总结应包括：

a）以验证计划为参照，对与验证计划产生任何重大偏离的描述；

b）验证矩阵；

c）问题报告系统的参考；

d）任何未解决问题，及其相关安全性影响的评估；

e）确定的支持数据和数据源。

2）SAE ARP4754A《商用飞机与系统研制指南》

SAE ARP4754A[1] 阐述的飞机/系统开发流程是基于需求的开发和验证流程，该开发流程遵循系统工程典型的 V 形开发流程模型，该模型如图 2-1 所示。

在 V 形模型的左侧是飞机/系统自上而下的设计过程，包括从飞机级功能开发/需求识别、飞机级需求分配到系统、系统架构开发、将系统需求分配到部件、并将部件的需求进一步分配到下层需求进行软硬件设计和开发；在 V 形模型的右端是自下而上的集成和验证过程，包括部件级集成和验证、系统级的集成和验证、飞机级集成和验证。

需要注意的是，作为针对航空产品的应用，在 SAE ARP4754A 定义的 V 形

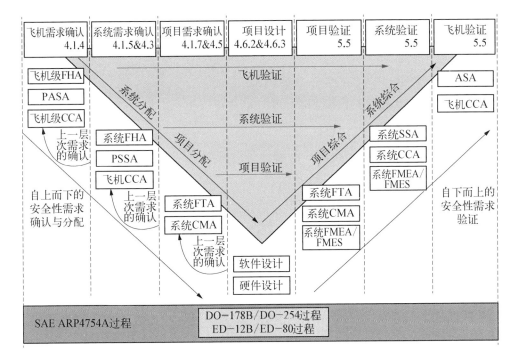

图 2-1　SAE ARP4754A 定义的飞机/系统开发双 V 模型

（ASA——飞机安全性评估；CCA——共因分析；CMA——共模分析；FHA——功能危害性评估；FMEA——故障模式和影响分析；FMES——故障模式影响总结；FTA——故障树分析；PASA——初步飞机安全性评估；PSSA——初步系统安全性评估；SSA——系统安全性评估）

模型中集成了安全性评估的过程。在 V 形模型左侧，基于飞机级 FHA 和系统级 FHA 等安全性评估流程活动进行自上而下的安全性需求/开发保证等级的建立和分配；在 V 形模型右侧通过故障树分析（FTA）、故障模式和影响分析（FMEA）和系统安全性评估（SSA）等安全性评估活动进行自下而上的安全性需求的验证过程。

（1）确认

该标准中涉及确认的内容如下。

需求的确认过程是为了确保所提出的需求是充分正确和完整的，以使产品能够满足客户、用户、供应商、维护人员、审定局方，以及飞机、系统和部件研制人员的需求（例如，飞行机组作为用户，可能需要某个"推力控制"的系统行为与该行为的性能程度；审定局方需要约束非期望操作行为）。虽然确认形式由研制人员制订，但应在确认计划中定义一个结构化的过程。

鉴于有效获取满足以上需要的需求的重要性，以下的指南可能有用：

a. 确认与接口相关或需要接口的个体；

b. 应通过协议的形式来对接口进行正式化（如：工作说明、计划、手册、要求文档、接口文档、法定合同）；

c. 协议中应定义基本准则，以使接口得以实现（谁负责接口的哪个部分？确认和纠正问题的方法有哪些？关于接口的格式和限制是什么？）；

d. 协议中应规定接口在接受输入时提供的作用；

e. 协议应定义用于评估接口是否适用的背景和内容；

f. 数据的提供者应了解接口将如何被使用，以辅助数据的使用者保证数据符合其使用目的；

g. 应格外严谨地对待跨组织、跨团体的情况；

h. 理想情况下，当获取需求的假设与解释时，独立的评审员应与需求评审发起人一起质疑需求的假设与解释，以确保这些需求发起人与接受人所理解的意思是相同的；

i. 当非复杂部件通过测试与分析的组合方式得到全面保证时，这些部件可认为是满足 IDAL 的 A 级水平。然而，应以相应于功能的 FDAL 级别的严格性来确认这些部件的需求。

理想情况下，在设计实施任务开始前应进行要求的确认。然而，事实上，特别是复杂与综合系统，直至系统实现已存在，并在操作环境下可被测试，才有可能确认需求。因此，确认是贯穿研制周期的一个持续的阶段性过程。在每个阶段，确认活动可提高需求正确性和完整性的置信度。

每一个需求层级的确认过程应涉及所有相关的技术领域，包括安全评估过程。经验表明，应对需求的制订和确认加以重视，这样可以在研制周期的早期识别细微的错误和遗漏，并且减少后续重新设计和系统性能不当的可能性。

当系统实现作为要求确认过程的一部分时，每个测试可以同时达到验证和确认的目的。该活动的目的之一是检验实现的系统是否满足需求，另一目的是检验需求是否适用于系统的运行环境。应通过协调验证和确认计划来体现这两个目的。

　　a. 过程目标。

　　需求确认过程的目标是保证需求的正确性和完整性，例如，我们是否在设计一架正确的飞机？

　　检查需求以确保其必要性与充分性是确认过程的关键环节。确认过程的进一步目标是限制系统内存在非预期功能或接口系统中产生非预期功能。

　　b. 确认过程的模型。

　　对需求等级进行定义，确认需求与假设。包括飞机功能、系统和部件级的需求确认，以及各个层级功能危害性评估（FHA）的确认。图 2 - 2 给出了扩展的确认过程模型。确认过程的输入包括系统描述（包含运行环境）、系统需求、系统架构定义以及研制保证等级。

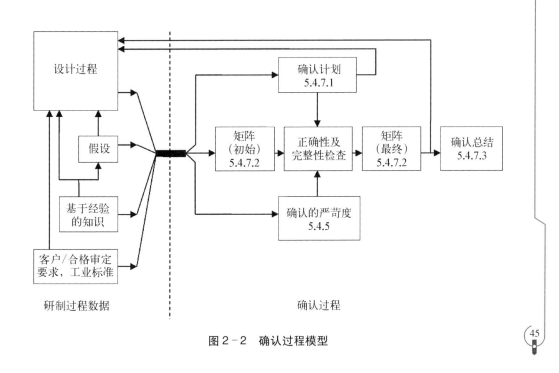

图 2 - 2　确认过程模型

（2）验证

　　该过程模型的系统实施阶段结合了 DO‑178B/ED‑12B（软件）、DO‑

254/ED－80（复杂电子硬件）研发过程生命周期指南文档中描述的系统过程模型。这个阶段也给出了相关任务，以保证飞机系统独立和协同正常运行。这个阶段的输出包括硬件-软件集成程序、系统综合程序、发布的硬件图纸、软件源代码及相关文档、适用的研制保证数据、试验板或原型机硬件（如适用），以及试验室/飞行试验件。

2.1.2 《INCOSE 系统工程手册》

1）INCOSE 系统工程发展过程

《INCOSE 系统工程手册：系统生命周期流程和活动指南》（*INCOSE Systems Engineering Handbook: A Guide for System Life Cycle Processes and Activities*，下文简称《INCOSE 系统工程手册》）[9] 是系统工程国际委员会（INCOSE）发布的系统工程领域知识体系的核心，最初由来自美国的几家航空航天/防务领域的会员大力倡导并创建。在过去的 20 多年里，先后经历了十多次的版本修订，广泛地采纳了 INCOSE 会员们的建议并扩大作者群体。2015 年出版的 4.0 版本，在 2006 年出版的 3.0 版本基础上，历时 9 年的时间，结合了系统工程在各领域的应用，逐步拓展了系统工程的范围与方法。

《INCOSE 系统工程手册》的编写目的是描述系统工程师所实施的关键过程活动，适合于从事产品开发与管理的系统工程专业人员使用，如系统工程师、产品工程师或需要实施系统工程的其他学科的工程师。

2）《INCOSE 系统工程手册》中的确认活动

确认过程的目的在于提供客观证据，证明系统需求满足其业务或使命任务目标及利益攸关方的需求，从而在预期的运行环境中实现预期的使用功能。

确认过程在生命周期阶段应用于研制项目或任何系统或构成该系统的系统部件，以便为待构建的系统（或系统部件）提供可信任的设计需求。因此，执行确认过程，可以帮助确保系统或其系统部件在生命周期内满足利益攸关方的需要。

确认是系统每一生命周期阶段的横向活动。特别是在系统开发期间，确认应用于任何过程/活动以及过程/活动产生的任何产品。

　　确认过程与其他生命周期过程密切配合。例如，业务或任务分析过程建立一个目标的运行能力，运行能力（如任务、业务概况及运行场景）被利益攸关方需要和需求定义过程转换为利益攸关方需要和需求。确认过程与这些过程并行工作，以便在生命周期内定义适用的确认措施和确认程序，从而确保系统研制以高置信度推进。图 2-3 是确认过程的 IPO 图，即输入（I）、活动（P）及输出（O）要素关系图。

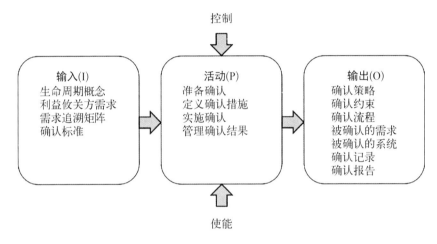

图 2-3　确认过程的 IPO 图

确认过程包括以下活动。

（1）准备确认

建立确认策略，这通常是确认计划的一部分，在优化确认措施的数量与类型的同时使成本和风险最小化，具体工作如下。

　　a. 识别将要参与确认活动的利益攸关方并定义他们的角色与职责（可包括采办方、供应商和第三方代表）。

　　b. 确认计划的范围取决于生命周期阶段及生命周期阶段内的进展。除了所交付的系统外，确认还可适于全系统、系统部件或在制品。

　　c. 建立需要考虑的确认约束列表。这些约束可能影响确认措施的实施，且包括合同约束、由于监管需求产生的限制、成本、进度，以及行使某种功能的可行性（如在某种条例中）、安全考虑因素、物理构型配置、可达性等。

d. 通过适当考虑约束，选择要应用的适当的确认方法，如检查、分析、演示验证或产品试验（取决于生命周期阶段及所需的任何使能项）。

e. 对确认措施进行优先级排序可能是必要的。应对照约束、风险、系统类型、项目目标及其他相关准则，对确认措施进行优先级排序和评价。

f. 确定是否具有任何确认差距以及产生的确认措施是否将提供可接受的置信度等级，如系统或系统部件是否满足所识别的需要。

g. 为在适用的研制过程中满足确认措施的执行要求，通过项目计划过程进行合适的进度安排。

（2）定义确认措施

识别出由确认策略产生的被纳入利益攸关方需求中的系统的确认约束。包括确认使能项所施加的准确度、不确定性、可重复性的实际限制，相关的度量方法，以及可用性、可达性和与使能项的相互关系。

确保在需要时确认措施所需的和必要的使能系统、产品或服务是可用的。计划包括使能项的需求和接口的识别。使能项可以是被开发项目的独立的完整使能系统。

（3）实施确认

a. 开发支持确认措施的确认程序；

b. 确保实施确认的准备就绪：系统/项的可用性和构型配置状态、确认使能项的可用性、合格的人员或操作者、资源等；

c. 按照程序进行确认实施：包括在运行环境或尽可能接近运行环境的某一环境中实施确认并记录其结果。

（4）管理确认的结果

识别和记录确认结果，将数据记录进确认报告中，包括必要的需求验证追溯矩阵的更新，同时维护好确认记录。

记录确认流程期间所观察到的异常，并使用质量保证流程来分析和化解该异常（纠正措施或改进）。

建议在最初的系统运行场景及利益攸关方需求明确后，就立刻开始起草确认计划。尽早考虑潜在的确认方法、技术可行性、预期约束和成本等因素，并开始采购确认的保障条件，如测试设施、仿真器等，从而避免成本超支和进度拖延。

a. 确认应用于运行系统，但如果能更早地应用于对预期的运行特征的分析、建模、仿真等，则是最有效的；

b. 确认过程的目标是保证系统期望的功能、性能等预期，并明确达到这些预期的有关约束，以确定系统的适用性，期望的有效性、生存性和成长性；

c. 确认还可展现产品对附属的、使能的或互操作系统可能具有的影响，确认措施和分析应包括这些系统在该范围内的交互；

d. 尽可能邀请最终用户及其他利益攸关方参与确认活动，以使最广泛范围的利益攸关方参与确认；

e. 若可能，尽可能让实际操作者也参与确认，确认往往会涉及直接追溯到用户使他们在自己的本地条件下实施某种验收试验。

一个需求和确认可追溯性矩阵可用于记录数据，如确认措施列表、需求列表（特别是运行场景和利益攸关方需求）的实现所用的选定的确认方法/技术、期望的结果以及当一个确认措施已经被实施时所获得的结果。这种矩阵的使用使项目团队能够确保已选定的运行场景和利益攸关方需求已经被确认或评价（包括已完成的确认的百分比）。

3)《INCOSE 系统工程手册》中的验证活动

验证过程确保所关注系统被正确地建立，包括系统的全部子系统或部件都执行了预期的功能，并且满足各自的各项要求。

（1）目的

验证过程的目的是提供客观证据，证明系统或系统要素满足其规定的要求和特征。

（2）描述

此过程是应用于研制项目（或组成它的任何系统或系统元素）的验证过程的实例，以确定它已经"正确构建"。

验证过程可以应用于任何有助于定义和实现系统本身的工程新元素（例如，验证系统需求、函数、输入/输出流、系统元素、接口、设计属性、验证过程）。验证过程的目的是提供证据，证明在将输入转换为输出时没有引入任何错误/缺陷/故障；它用于确认根据需求和选择的方法、技术、标准或规则进行了正确的转换。正如通常所说，验证的目的是确保"产品构建正确"，而确认的目的是确保"构建正确的产品"。验证是系统每个生命周期阶段的横向活动。特别是在系统开发过程中，验证适用于由该活动产生的任何活动和产品。

（3）输入/输出

在企业政策和已建立的项目指令的指导下，系统及设备参照各项验证要求进行验证，并且将信息保存在需求验证追踪矩阵中。输出结果是验证结果的文档，记录了建议的纠正行动项、设计反馈/已采取的纠正行动，以及系统及设备是否满足需求的证据。

（4）过程活动

a. 验证准备。

a）为验证制订策略，以最大限度地降低成本和风险，同时最大限度地覆盖系统行为的操作范围。

● 建立验证项目清单，包括需求、架构特征、设计属性对应的验证活动。在需求第一次被记录的时候，应该对其进行识别，并记录验证方法，以确保所写的需求确实是可验证的。这可能需要重申一个需求，或者将其分解成几个可验证的语句。

● 建立需要考虑的验证约束列表。这些约束可能影响验证活动的实现，包括契约约束、由于法规要求而造成的限制、成本、进度、执行功能的可行性（如在某些条例中）、安全考虑、物理配置、可访问性等。

● 考虑约束，为每个验证操作应用的方法或技术制订计划。这些方法或技术通常包括检查、分析、演示或测试。请注意，当确定验证方法或技术时，分析通常被认为包括建模、仿真和类比，并且定义了验证成功的标准。

● 确定验证范围，验证一般会消耗时间、劳动力、设施和资金等资源，应根据系统的类型确定必须进行的项目、项目的目标，以及对于撤销验证活动可接受的风险。

b）开发验证程序以支持验证活动。在项目流程中安排执行验证操作，并为验证活动的操作提交项定义配置。

c）识别与特定系统需求、体系结构元素或设计元素相关的、由验证策略产生的针对系统或系统元素的验证约束，典型的约束包括性能特征、可访问性和接口特性，为系统需求定义、架构定义和设计定义过程提供约束信息。

d）确保在需要时提供验证操作所需的必要使能系统、产品或服务，包括对使能程序的需求和接口的标识。获取使能程序可以通过各种方式完成，例如租赁、采购、开发、重用和分包。使能系统可能是一个独立开发的、完整的系统。

b. 实施验证。

执行前一部分开发的验证计划。该计划包括所选择的验证活动的详细描述：

a）验证的项目；

b）预期的结果和成功的准则；

c）选择的验证方法或技术；

d）所需的数据；

e）对应的使能系统、产品或服务；

f）使用验证程序，执行验证活动，记录验证结果；

g）根据任何已建立的期望和成功标准分析验证结果，以确定被验证的元素是否表示一致。

c. 管理验证结果。

a）标记和记录验证结果并将数据录入需求验证追溯矩阵（RVTM）中。根据组织政策，维护这些记录；记录在验证过程中观察到的异常，并使用质量保证过程分析和解决异常（纠正措施或改进）。

b）根据验证所需的系统架构、设计、系统和接口需求，建立和维护已验证系统元素的双向追溯性；为配置管理提供基线信息。

c）根据项目进度更新验证策略和进度计划；特别是，计划的验证活动可以根据需要重新定义或重新安排计划；与项目经理（针对执行计划、收购、聘用有资质的人员和资源等）、架构工程师或设计人员（针对错误、缺陷、不符合报告等）和配置经理（针对子提交项、需求、架构和设计基线、使能程序、验证过程的版本等）协调开展验证活动。

验证过程中常见有关考虑如下。

a）注意并抵制由于预算或进度超支而减少验证活动的诱惑。请记住，在系统生命周期的后期纠正差异和错误的代价更大。

b）在项目的进展过程中，重要的是要知道在任何时候什么没有被验证，以便评估可能放弃一些验证行动的风险。

c）每个系统需求都应该是定量的、可测量的、明确的、可理解的和可测试的。一般来说，确保需求在编写过程中符合这些标准要容易得多，成本效益也更高。在实施和/或整合后进行的需求调整通常成本更高，并可能产生广泛的重新设计影响。有一些资源可以提供关于重新确定适当需求的指导。

d）当处理差异的时间较短时，应避免在时间较晚时才进行验证；测试实际的系统是昂贵的，并且不是唯一的验证方式，通常也可采用其他方式，如仿真、分析、评审等。

（5）详细要求

a. 验证活动。

验证活动描述了什么必须被验证（如需求、特征或参考的属性），包括对哪个项目（如需求、功能、接口、系统元素、系统）要进行验证、预期结果（从参考中推导）、要应用的验证技术（如检查、分析、演示、测试）以及对哪个层次的系统进行分解（如产品项目级、中层级系统、低层级系统）等。

验证活动的定义应用于工程项目（例如，利益攸关方需求、系统需求、功能、接口、系统部件、过程和文档）包括项的识别将执行验证操作，参考用于定义预期的结果和适当的验证技术。

对提交的项目执行验证活动将获得与预期结果相比较的结果。通过比较可以确定项目的正确性。

验证执行示例如下：

a）验证一个利益攸关方需求或系统需求：检查语法和语法规则、利益攸关方需求和需求定义过程，以及系统需求定义必要性、可实现的、明确的、一致的、完整的、单一的、可行的、可追溯的特征，判断是否满足上层级需求。

b）系统架构的验证：检查所使用的架构权衡方式、权衡分析结果，以及建模技术或方法的正确使用。

c）系统或部件的设计验证：检查系统技术的应用、权衡研究方法或相关的技术状态。

d）系统或部件的集成验证：根据其指定的需求、预期的架构特征和测试结果，检查产品制造后真实的特征或属性。

b. 验证方法。基本的验证方法如下：

a）检查：基于系统和设备视觉或尺寸方面的检查。该验证依赖于人的感觉或使用简单的测量和处理方法。检查通常是非破坏性的，一般包括使用视觉、听觉、嗅觉、触觉和味觉，是简单的物理操作、机电计量或测量，不需要激励（测试）。该方法用于检查通过观察确定的最佳属性（例如，油漆颜色、重量、文档、代码清单）。此外，同行评审也是一种检查。

b）分析：不需要任何干预的基于分析证据获得的技术，使用数学或概率计算、逻辑推理、建模和/或在给定的条件下进行仿真，以显示理论的符合性。分析主要用于测试无法达到实际条件或成本效益不高的情况。

c）演示：在不使用物理测量的情况下，根据系统操作和可观察的系统特性来展示系统或部件的运行情况。它通常使用一组选中的操作来展示产品对激励的响应是否合适，或者给操作人员展示是否可以执行指定的任务，观察并与预定或预期的响应进行比较。

d）试验：处于真实或模拟的受控条件下，定量地验证功能、可测量性、可操作性、可支持性或产品性能。测试通常使用特殊的测试设备或仪器来获得要分析的精确的定量数据。

e）类比或相似性：基于与提交的系统或部件相似的证据或经验反馈。有必要通过分析来表明，环境是不变的，结果是可变换的（例如，模拟、调查、经验反馈）。只有当提交的系统或部件在设计、制造和使用上相似时，才可以使用类比或相似性。

f）仿真：这种技术（通常被认为是一种分析技术）在模型或样机上执行（而不是在实际/物理元素上），以验证设计的特性和性能。

g）采样：此技术基于使用样本验证特性。数字、比例和其他特征必须明确，并与经验反馈相一致。

在选择验证方法时，要考虑的因素包括验证程序所执行的准确性、不确定性、可重复性的实际限制、相关的度量方法及可用性等。

c. 系统集成、验证和确认。

经常存在一种误解，认为验证一定是在集成之后和产品确认之前。在大多数情况下，更适当的做法是在开发期间就开始验证活动，并持续到生产和使用时。

一旦系统部件实现，它们的集成就形成了整个系统。系统的集成实现了已开发的功能，为集成过程中所述的验证活动做准备。

d. 验证等级与深度。

通常，研制项目有许多系统层级（由下一层的系统部件组成）。这样，每一个系统和系统部件都得到验证，任何异常都可能在被集成到更高级别的系统之前得到纠正。

必要时，系统和系统部件部分地集成在子集中，以便限制要在单个步骤中验证的属性的数量。对于每个级别，都有必要通过一组验证来确保上一级别的特性受到不利影响。此外，如果环境发生变化，在给定环境中获得的符合结果可能变为不符合。因此，只要系统没有完全集成或者没有在实际的操作环境中运行，就不能认为结果是确定的。

2.1.3 《NASA系统工程手册》

1）NASA系统工程发展过程

美国国家航空航天局（NASA）发布的《NASA系统工程手册》旨在提供有

关系统工程的一般指导和信息，该手册的编制目标是提高整个 NASA 对系统工程的认识和一致性，并促进系统工程的发展实践。

自 1995 年《NASA 系统工程手册》（NASA/SP‑6105）[10] 首次编写并于 2007 年修订以来，NASA 的系统工程学科经历了快速而持续的发展。其间的变化包括使用基于模型的系统工程来改进产品的开发和交付环节，以及适应 NASA 程序要求（NPR 7123.1）的更新。系统工程方面的经验教训被记录在一些报告中，如 NASA 综合行动小组（NIAT）的报告、哥伦比亚事故调查委员会（CAIB）的报告。其他的经验教训包括从"创世纪"号和火星勘测轨道飞行器等机器人任务中获得的，也有从地面操作和商业航天工业的事故中吸取的教训。从这些报告中，NASA 总工程师办公室（OCE）倡议改善整个机构系统工程的基础设施和能力，以便高效地设计 NASA 系统，生产高质量的产品，并实现任务的成功。

手册的首次发布，旨在向 NASA 人员介绍系统工程的基本概念和技术，以使其认识到 NASA 系统和环境的性质。手册的修订版在更新 NASA 系统工程知识体系的同时保持了原有的理念，为深入了解 NASA 的最佳实践提供了指导。手册与 NASA 的系统工程政策保持一致。

2)《NASA 系统工程手册》中的确认活动

该手册涉及确认活动的章节为"4.2.2.3 Requirements Decomposition, Allocation, and Validation"（需求分解、分配及确认）及"5.4 Product Validation"（产品确认）。但 4.2.2.3 节并未对需求确认的活动与要求进行详细描述。后文主要针对 5.4 节进行陈述。

产品确认过程保证经过集成的最终产品能符合用户期望，这些期望包括效能测量指标（MOE）、性能测量指标（MOP）和运行概念（ConOps）中捕获的利益攸关方的期望。这一确认过程还可以确保在交付产品之前适当解决发现的任何异常情况。

具体来说，产品确认过程是对已实施或集成的最终产品执行的第二次验证和确认过程。验证提供了客观的证据，证明需求文档或规范中的每个"应"陈述均已得到满足，而执行确认是为了满足客户和用户的利益，确保将系统置于预期的环境能以预期的方式运行。这是通过在产品结构的每个层级检查产品并将它们与该层级的利益攸关方的期望进行比较来实现的。结构合理的确认过程可以节省成本和进度，同时满足利益攸关方的期望。

这里主要讨论产品确认过程的输入、过程活动和输出。

（1）输入

确认过程的关键输入包括如下。

a. 要确认的最终产品：这是要确认的且已成功通过验证过程的最终产品。

b. 确认计划：该计划应在技术计划流程下制订，并在进入此流程之前确定基准。该计划可以是单独的文档，也可以是验证和确认计划中的一部分。

c. 利益攸关方期望基线：在利益攸关方期望定义过程中，将针对此产品针对此级别制订这些期望。它包括需求、目标和目的，以及运营和 MOE 的标准和更新概念。

d. 任何启用产品：这些是执行产品确认过程所需的任何特殊设备、设施、测试装置、应用程序或其他项目。

（2）过程活动

产品确认过程需要证明，最终产品在预期的操作环境中满足能利益攸关方（客户和其他有关方）的期望，并且由预期的运营商和/或用户执行该确认过程。确认方法取决于生命周期阶段和最终产品在系统结构中的位置。

产品确认过程的目标包括如下。

a. 确认：① 实现了正确的产品（客户想要的产品）；② 最终产品可供预期的操作人员/客户使用；③ 满足 MOE 的标准。

b. 为了确认最终产品在预期环境中运行时是否达到预期用途，需要：① 从系统结构分支中的最低最终产品到最高最终产品（系统），对每个已实施或集成并确认的最终产品执行确认过程；② 根据需要生成证据，以确认系统结构每一层的产品都满足客户/用户/操作人员以及该产品的其他有关方面的能力和运营期望。

c. 确保在最终产品交付之前（如果由产品供应商进行确认）或与其他产品

集成到更高级别的组装产品之前（如果由接收方进行验证）适当地解决发现的任何问题。

产品确认过程中包含五个主要步骤（见图2-4）：准备产品确认；执行产品确认；分析产品确认结果；编制产品确认报告；捕获产品确认工作输出。

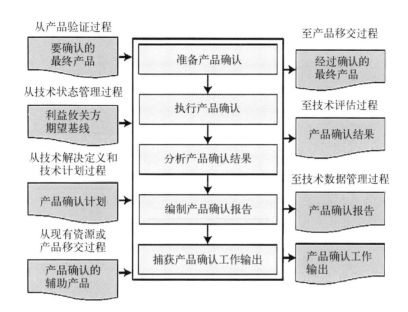

图2-4　产品确认过程

下面依次介绍五个步骤。

a. 准备产品确认。

为了准备进行产品确认，应获得一组适当的期望，包括MOE和MOP，以此为依据进行确认。除了V&V计划外，产品运行概念和人机系统集成（HSI）计划等其他文档也可能用到。

应该收集已通过验证的要确认的产品（来自产品实施、集成或验证的输出），以及适当的使能产品和支持资源（确定的需求和设计解决方案所需）。使能产品包括代表外部接口产品和特殊测试设备的产品。支持资源包括支持确认所需的人员，以及操作人员。

最终确定并批准已定义的详细分步活动并基于确认类型和方法的程序。程序的开发通常在项目生命周期的设计阶段开始，并随着设计的成熟而更新。确认环境被视为飞机研制开发的一部分，它主要包括设施、设备、软件和气象条件等。

产品确认方法包括：

a）分析，指基于计算的数据或低层级产品验证得出的数据，使用数学建模和分析技术来判断设计是否符合涉众期望。分析通常用于原型、工程模型或装配产品，组装和集成的产品不可用。分析使用模型和仿真作为分析工具。模型是产品现实的数学表达，仿真是模型在模拟环境中的运行。

b）演示，指通过使用最终产品来说明利益攸关方的期望可以实现。通常，它是产品能力的基本确认，与详细的测试有所区别。演示可能涉及使用物理模型或模拟器；例如，可以通过让飞行员在驾驶舱模型或模拟器中执行与飞行有关的任务，来确认飞行员在弱光条件下可视性与可操作性的期望。

c）检查，指通过目视检查已实现的最终产品。检查通常用于验证物理设计特征或特定制造商标识的存在。例如，如果期望安全臂销上有红色标记，并且标记上带有黑色字母的单词"飞行前移除"，则可以目视检查安全臂销标记来确定该期望是否被满足。

d）测试，指通过使用最终产品获取产品运行的详细数据，抑或提供足够的信息以进一步分析产品的功能、性能及其特性。测试可以在最终产品或原型上进行。当涉及操作人员或与其他用户的交互时，重要的是要确保在确认活动中正确地代表了相关的人员的体型、技能、知识、训练、着装、专用工具等信息。在可能的情况下，应邀请实际的最终用户/运营商及其他利益攸关方参加或观察测试活动。

确认准备需要实现的结果包括：可用的确认计划，批准的程序，支持的构型文档；利益攸关方期望集；根据确认计划和时间表，将产品集成到确认环境中；根据确认计划和时间表，协调用户或操作人员参与确认；评估确认环境的充分性、完整性、成熟度和集成性。

b. 执行产品确认。

按照产品确认程序和计划的规定，执行确认最终产品的活动，并且明确每个利益攸关方期望的符合性声明已达到确认目标。

产品确认中的测试与其他测试有所不同。产品确认中执行的测试，其关注点在于是否与系统的预期环境和操作存在差异。而其他过程的测试，是指性能或能力测试，如获得最坏情况的负载和环境要求。

产品确认负责人应确保遵循程序并按计划执行确认活动，支持确认的产品和仪器应正确校准，并收集和记录数据以用于所需的确认措施。

当发现差异时，应停止确认并生成确认报告。应分析导致差异的活动和事件，以确定是否存在不合格产品或错误的确认程序，确认行为或条件是否存在问题。如果没有产品问题，则应根据需要重新制订确认计划，纠正环境的异常，并使用已改至正确的程序和资源再次进行确认。项目的决策分析过程也应对确认计划、环境及确认活动的必要更改做出决策。

执行产品确认需要实现的结果包括：

a）建立经过确认的产品，并收集、评估确认结果，以表明已完成确认目标；

b）确定是否完成制造、组装和全面集成（包括明确软件、硬件版本）；

c）明确各自利益攸关方期望的符合情况；

d）确定产品与环境的集成情况；

e）确认产品在整个操作范围内都能与其交联的产品一起运行。

c. 分析产品确认结果 & d. 编制产品确认报告。

分析产品确认结果和编制产品确认报告两个步骤具有关联性，下面将合并进行阐述。

确认活动完成后，将进行收集结果和数据分析，以确保所提供的最终产品在预期的使用环境内能提供客户所需的功能，并遵循确认程序，使产品与其支持资源正确运行；同时，分析数据的质量、完整性、正确性、一致性和有效性，并识别和报告任何不合适的产品或产品属性。

将实际的确认结果与预期的结果进行比较是非常重要的。如果发现差异，则需要确定它们是否受测试构型或分析的影响，判断它们是否是最终产品的真实特征或行为。如果发现是测试构型的问题，则应更正构型并重复确认。如果发现是由最终产品得到的确认结果，则应与客户进行讨论，并进行任何必需的补充系统设计和产品实现过程活动，以解决缺陷。同时，记录缺陷、建议的纠正措施和解决结果，并根据需要重复确认。

分析产品确认结果需要完成的工作及输出包括：

a）确认产品异常、变化、缺陷或不合格等问题；

b）确保已完成适当的更新计划，需求的重新定义，设计和重新确认，以解决异常、变化、缺陷或不合格情况（对于不是由不正确验证行为引起的问题）；

c）根据需要编制差异和纠正措施报告；

d）完成确认报告。

根据产品确认过程的结果，可能有必要重新设计有缺陷的最终产品。应当注意避免因纠正缺陷而使原本令人满意的零件或性能产生新的问题。回归测试是重新运行先前使用的验收测试（主要用于软件）的正式过程，是确保更改不影响先前已接受的功能或性能的一种方法。

以下几个原因可能导致确认结果不能令人满意：

a）确认工作不力（例如，产品和支持资源缺失或无法正常运行，操作员未经培训，未遵循程序，设备未经校准，确认环境条件不正确），以及无法控制未涉及的其他变量，导致不满足利益攸关方的期望集；

b）最终产品的确认过程不足；

c）不正确或不适当的初始或边界条件；

d）模型方程或确认行为的表述不佳；

e）建模方程或采用了近似值带来的影响；

f）无法提供用于预期目的的可信模拟所需的几何和物理保真度；

g）空间、时间以及统计分辨率偏差。

当然，执行确认活动的最终目标是确定设计本身是否为满足利益攸关方期望的正确设计。在排除所有确认测试缺陷之后，确认活动的真正价值在于进行符合程序且满足产品使命的设计更改。确认活动应在系统工程流程中尽早且尽可能地反复进行，因为越早发现再造需求，解决这些需求的成本越低。

有时，系统可以成功完成验证，但是在验证过程的某些关键阶段却不成功，从而延误了开发并导致大量的返工以及与利益攸关方的妥协。在项目的早期阶段（如在需求开发和设计阶段），基于产品开发可靠的运行概念对于防止确认失败至关重要。同样，为用户参与制订明确的期望对于成功确认也至关重要。与利益攸关方进行频繁、反复的沟通，有助于确定在设计和实施最终产品时，充分理解产品的操作方案和其他关键需求。如果产品未通过确认，则重新设计可能是必须面对的。可能需要对已理解的需求集、现有设计、操作方案、用户数量和技能、培训以及支持材料进行审查，以及与客户、其他利益攸关方及最终用户进行协商并确定折中方案。这可能会增加整个项目的时间和成本，或者在某些情况下会导致项目失败或被取消。但是，较早地发现设计问题，纠正措施的成本就会降低。

e. 捕获产品确认工作输出。

确认工作输出可能需要采用多种形式，涉及许多信息来源。捕获和记录与确认相关的数据是产品确认过程中非常重要的一步。

应记录确认结果，发现的缺陷和采取的纠正措施，以及执行产品确认过程的所有相关结果（相关决策、决策依据、假设和经验教训）。捕获确认工作输出主要包括如下工作。

a）记录执行产品确认过程时生成的产品确认信息。例如，进行确认的方法，用于确认的最终产品的形式、确认程序、验证环境、结果、决策、假设、纠正措施、经验教训等（通常记录在矩阵或其他工具中）。

b）识别并记录缺陷。缺陷包括变化、异常以及不合规情况，以及解决问题所采取的措施。

c）提供证明。用以证明最终产品符合利益攸关方期望集。

d）提交确认报告。该报告包括确认结果或数据；使用的利益攸关方期望集的版本；最终产品的版本和形式；使用的工具和设备的版本或标准，以及适用的校准数据；每次确认的结果，以及通过或失败的声明；预期结果与实际结果之间的差异。

（3）输出

产品确认的输出主要有：

a. 经过确认的最终产品。这是已经成功通过确认并准备过渡到下一个产品层或客户的最终产品。

b. 产品确认结果。这些是执行确认的原始结果。

c. 产品确认报告。此报告提供了产品符合利益攸关方期望的证据，该利益攸关方期望已在此层级针对产品进行了确认（包括已采取的任何不合格、异常或其他纠正措施）。

d. 工作产品。产品包括程序、所需的人员培训、认证、构型图，以及在验证活动期间生成的其他记录。

e. 此过程的成功标准。指记录性能的客观证据和相关的系统确认活动，确认在解决所有问题和措施之前，不得将其视为或指定为已完成。

3)《NASA 系统工程手册》中的验证活动

该手册涉及验证活动的章节为 "5.3 Product Verification"（产品验证）。

产品验证过程是在最终产品上进行的必需过程。产品是由产品实现过程或产品集成过程以满足适用的生命周期阶段成功标准的形式提供的。产品实现包括制造、集成、验证和产品确认等生命周期活动，经过产品实现的最终产品可以称为已实现的产品或已实现的最终产品。产品验证证明，最终产品的任何部件及其他系统产品结构（无论是构建的、编码的、购买的还是重用的）都应符合需求或规范。这些规范和其他设计描述文档建立了该产品的构型基线，后续可能需要对其进行修改。如果没有经过基线验证和构型控制，这些后续的修改可能代价高昂或导致重大的性能问题。

从过程的角度来看，产品验证和产品确认在本质上可能是相似的，但两者的目标存在本质上的差异。客户感兴趣的是所提供的最终产品是否会按照客户在使用环境中所希望的方式工作。对该条件的检查就是产品确认。简单地说，产品验证过程回答了一个关键问题，最终产品是否正确实现；而产品确认过程解决了同样关键的问题，是否实现了正确的最终产品并满足利益攸关方期望。当成本有效且通过分析得到保证时，产品确认测试方面的费用可以通过同时执行验证和产品确认的组合测试来降低。

产品验证过程的目标也包括在确认最终产品之中，无论是通过实施还是集成实现的，都应符合其规定的需求。下文将分别阐述输入、过程活动和输出。

（1）输入

关键的输入包括以下内容。

a. 待验证的产品：该产品来自产品实现过程或产品集成过程，可能至少通过了功能测试，以确保装配正确（任何支持文档应与产品一起提供）。

b. 验证计划：该计划在整个产品开发计划的过程框架下制订，并作为进入验证的基准。

c. 指定的需求基线：是已经确定的需要对该产品进行验证的需求。应该为每个需要验证的需求确定验收准则。

d. 使能产品：执行产品验证过程所需的任何其他产品，可能包括测试工具和支持设备。

e. 其他资源及条件：可能需要的产品运行概念、任务需求和目标、接口控制图、试验标准和政策，以及企业/组织标准和政策。

（2）过程活动

产品验证过程有 5 个主要的活动：准备产品验证，实施产品验证，分析产品验证结果，编制产品验证报告，捕获产品验证活动中生成的输出。

产品验证通常由生产最终产品的开发人员执行，并由最终用户和客户参与。质量保证（QA）人员在验证计划和执行活动中也很重要。

验证方法应该适用它所支持的项目。项目经理和系统工程师应与验证主管工程师一起开发验证方法并控制验证计划活动。开发验证方法和后续验证程序时需要考虑许多因素。这些因素包括：

a）验证项目类型：特别是飞行验证项目，验证活动和时间取决于涉及的飞行试验对象类型，以及执行的飞行计划和项目管理要求。

b）项目成本和进度影响：验证活动可能影响整个项目的成本和进度，在制订验证计划时应尽早考虑到这些影响。应在生命周期的早期进行验证策划，以支持验证方法、类型以及设施能力和地点选择的决策。

c）必要的风险管理：定性风险评估和定量风险分析。例如，故障模式和影响分析（FMEA）可以确定新的关注点，这些关注点都必须经过额外的验证，这样一来验证活动的范围就增加了。其他风险评估有助于权衡研究，以确定应使用的首选验证方法以及何时应执行这些方法。例如，可以在执行模型测试和通过成本更低但揭示性更少的分析之间进行平衡。

d）验证设施、地点和物资运输的可用性：以便在需要时将物品从一处移到另一处。这需要与集成验证物流保障的工程师进行协调。

e）以增强用户与系统交互的有效性而进行的适当操作培训。

f）采购策略：NASA 的现场管理中心通常可以通过项目的工作说明书来定义供应商的验证过程。

g）设计继承和软硬件重用程度。

下面分别介绍 5 个主要活动。

a. 准备产品验证。

准备产品验证包括以下几项工作：收集、评审和确认验证计划和规定的需求；获取待验证的产品（产品实现过程或产品集成过程的输出）、任何使能产品（如外部接口产品），以及验证所需的支持资源（包括人员）；准备验证环境（如设施、设备、工具、测量装置和气候条件），验证环境被认为是过程开发的一部分，评估验证环境可以探索所能执行的验证活动的可能性。

验证方法同确认方法是一样的，包括：分析、演示、检查和测试。

当涉及操作员或其他用户交互时，须确保人员在验证活动中有足够的能力担任这一职责。这些要求一般包括体型、技能、知识、培训、服装、特殊装备和工具。

验证准备需要达成的结果如下：确保验证计划、已批准的程序、指定需求的适当基线集和支持的配置文档都是可用的；确保要验证的物品/模型和支持验证的产品都就绪，并已根据验证计划和时间表组装并集成到验证环境中；确保实施验证所需的资源（资金、设施和人员，包括适当熟练的操作人员）是可获得的；确保验证环境的充分性、完整性、准备就绪性和集成评价。

b. 实施产品验证。

验证最终产品的实际活动是按照计划和程序中规定的方式执行的，并建立每个指定的产品需求的符合性。验证主管应确保按照计划执行程序，验证的使能产品和仪器得到正确校准，并为所需的验证度量收集和记录数据。

验证程序可能包括产品层次结构中几个层次的验证。如果无法在较高的程序集中验证需求，则需要在最低部件级别执行验证。同样，可能会在装配体、子系统和系统级别进行验证。如果可行，最后一组测试包含尽可能多的端到端测试是非常重要的。

端到端测试的目的是在任务系统的不同元素之间、系统（感兴趣的系统和外部使能系统）之间以及整个系统中演示接口兼容性和所需的总体功能，包括真实的或有代表性的输入和运行场景。在集成地面和飞行资产包括飞行物品（有效载荷或飞行器）的所有元素、控制、激励、通信和数据处理上执行端到端测试，以证明整个集成的任务系统正在以满足所有任务需求和目标的方式运行。端到端测试可以作为调查工程测试、验证测试或确认测试的一部分。这些是系统工程师参与或主导的最重要的测试。他们审查了各种系统的总体兼容性，并演示了系统级需求的符合性，以及系统的行为是否符合利益攸关方的预期。

端到端测试包括跨多个配置项执行完整的线程或运行场景，确保所有任务需求都得到验证和确认。运行场景被广泛使用，以确保任务系统（或系统集合）将成功地执行任务需求。运行场景是对系统应该如何操作和与用户及其外部接口（如其他系统）交互的逐步描述。场景的描述方式应该允许工程师遍历这些场景，以了解系统的各个部分应该如何工作和交互，并验证系统是否满足用户的目标和期望。应该为所有操作模式、任务阶段（例如，安装、启动、正常操作和应急操作的典型示例、关闭和维护）以及识别的所有用户类别的关键活动序列描述运行场景。每个场景都应该包含适当的事件、操作、激励、信息和交互，以全面了解系统的运行。

端到端测试是整个（任务）系统确认与验证的一个组成部分。它是在全生命周期内的选定硬件、软件和系统阶段中使用开发模式和外部模拟器的一组活动。但是，如果可能，在部署和发射之前，应该对飞行配置中的飞行条款进行最终的端到端测试。与配置项测试相比，端到端测试只处理验证计划指定的级别下的每个配置项（最终产品），并关注外部接口，这些接口可以是硬件、软件或基于人工的。指定配置项的内部接口（如软件子例程调用、模数转换）不属于端到端测试的范围。

当观察到"差异"时（即与所需或预期结果、配置有任何差异、不一致或矛盾），应停止验证活动，并生成差异报告。应分析导致差异的活动和事件，以确定是否存在不合格品，抑或是验证程序、行为存在问题。应用决策分析过程对验证计划、环境和/或程序中所需的变更做出决策。

实施产品验证需要达成的结果如下：

a）确认产品（在各生命周期阶段以适当形式）符合其指定的需求，建立经过验证的产品，如果不符合，则提供描述差异的不符合报告。

b）确定是否收集和评估了适当的结果，以显示在整个性能范围内完成了验证目标。

c）确定验证产品已与使能产品和验证环境适当集成。

c. 分析产品验证结果 & d. 编制产品验证报告。

分析产品验证结果和编制产品验证报告两个步骤具有很强关联性，下面将合并进行阐述。

结果的收集和分析在验证活动完成后进行，具体包括：对数据进行质量、完整性、正确性、一致性和有效性分析；确认和评审任何验证差异（异常、变化和不符合条件），以确定是否存在非不良验证行为、程序或条件导致的不合格品。

如果可能，在测试/分析配置仍然完整的情况下执行此分析，这样一来如果数据需要再次执行测试或分析运行的修正时，可以快速地转换。

差异和不合格品应记录并报告，以便后续采取行动。验证结果应记录在需求符合性或验证矩阵中，抑或在技术需求定义过程中开发的其他方法里，以跟踪每个产品需求的符合性。

可能需要系统设计和产品实现过程活动来解决产品不符合项。如果减少不符合导致对产品的更改，则可能需要重新计划和执行验证。

验证分析需要达成的结果包括：

a）确定产品不符合项。

b）为解决不合格品问题，已完成了适当的重新规划，重新定义需求，重新设计、实施/集成、修改和重新验证。

c）对与产品无关的差异进行了适当的设施修改、程序修止、使能产品修改和重新验证。

d）确认不符合产品是否可以豁免。

e）根据需要生成不一致和不符合报告，同时拟订纠正措施。

f）完成验证报告。

e. 捕获产品验证活动生成的输出。

验证工作产品（输入到技术数据管理过程）采用多种形式，涉及多种信息源。在产品验证过程中，捕获和记录验证结果及相关数据是非常重要的环节，但常常被忽视。

应捕获验证结果、同行评审报告、异常和所采取的任何纠正措施，以及应用产品验证过程的所有相关结果（相关决策、所做决策的理由、假设和吸取的教训）。

捕获产品验证活动输出需要达成的结果包括：

a）记录工作产品的验证，例如，验证方法、程序、环境、结果、决策、假设、纠正措施和所吸取的教训。

b）已经确定并记录了变化、异常和不符合条件，包括为解决它们而采取的行动。

c）已实现的最终产品是否满足指定需求的文档化证明。

d）编制验证报告，包括记录的测试/验证结果/数据、使用的指定的需求集的版本、产品验证的版本、实用的工具/数据和设备的版本或标准、每次验证的结果、通过或失败的声明、验证差异的说明。

（3）输出

产品验证过程的关键输出包括如下。

a. 已验证的产品：产品经过验证后，接下来将通过准备提交用户的最终产品确认流程。

b. 产品验证结果：执行过程的结果传递给技术评估方。

c. 产品验证报告：显示了验证活动结果的报告，包括需要验证的需求及其双向可追溯性、所使用的验证方法，以及对所使用的任何特殊设备、条件或程序的引用。它还包括验证结果、所有异常、变化或不符合结果的记录以及相关的纠正措施。

d. 验证偏离报告：包括不一致和不符合报告，并确定纠正措施；更新需求符合性文档；需要变更的程序、设备或环境；配置图纸；校准；运营商认证和其他记录。

e. 产品验证引导：必要时须提交产品验证引导，该引导包括验证方法、全生命周期中的验证、验证程序、验证报告、端到端测试、建模与仿真的使用、硬件在环测试等。

2.1.4 《FAA 系统工程手册》

1）《FAA 系统工程手册》发展过程

美国联邦航空管理局（FAA）的《FAA 系统工程手册》[11] 是一份指导性文档，它结合行业和政府最佳实践，定义了主要系统工程要素，并在 FAA 运行环境中实施。

系统工程是一门专注于整个系统的设计和应用的学科。在企业层，系统工程涵盖了投资计划，以实现 FAA 工作的高效性和高度互操作性。在计划层，它优化了性能、效益、操作和生命周期成本。每一项过程都根据过程需求的复杂性，定制了过程、工具和技术相关的应用程序。系统工程手册是系统工程领域内经行业和政府验证的实践的汇编，这些实践已被认为适用于支持各类组织的业务需求。

《FAA 系统工程手册》中定义的系统工程最佳实践主要用于管理 FAA 工作中的复杂性和各类变更，同时实现定义的任务并满足相关需求。为了最大限度地提高有效性，系统工程的应用需从需求被确定时开始，并在整个项目的生命周期中持续。一旦系统工程正确执行后，它将有助于确保项目的高效运行并遵循最佳实践。系统工程有助于确保在项目生命周期的早期发现和解决缺陷，从而降低风险，减少成本和进度超支。

具体而言，《FAA 系统工程手册》的目的是为 FAA 实施系统工程提供一个框架，并通过提供以下指导来支持 FAA 的业务过程。

a. 定义任何工程人员或团队执行基于系统工程方法所确定的任务的综合实践，并确保与该机构的所有组织兼容，符合行业最佳政策和指导方针；

b. 提供有效且一致的系统工程方法和工具；

c. 确定有效实践系统工程的业务领域；

d. 提供执行系统工程活动的工作产品的详细信息，以确保实现一致的高质量产品；

e. 确保系统工程能参与并支持项目管理的需要。

2）《FAA 系统工程手册》中的确认活动

该手册涉及确认的章节为 "4.7.3 Validation"（确认）。

确认与验证是系统工程的重要过程，用以确保系统需求是正确和得到满足的。确认活动是用来确保系统需求清楚、正确、完整、一致、操作上和技术上可行，以及可核实（见图 2-5）。验证活动是用来确保设计解决方案或交付的产品已满足系统需求，即确保最终构建了正确的系统，且系统已准备好在其预期的操作环境中使用。

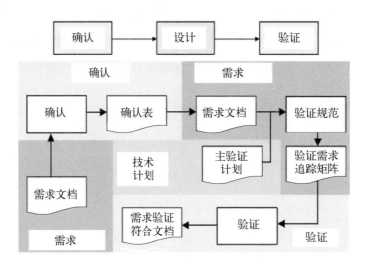

图2-5　确认与验证在系统开发过程中所扮演的角色

（1）需求确认的目的

需求确认的目的是确保需求的正确性和完整性，以定义一个正确的系统。SAE ARP4754A中第7.1节对正确性和完整性的定义如下：

a. 需求语句的正确性意味着它的属性中没有歧义或错误；

b. 需求语句的完整性意味着没有遗漏任何属性，并且这些属性是必需的。

（2）需求确认的目标

确认过程的总体目标包括：

a. 定义确认表，并将确认表编制在确认报告中；

b. 附加或引用上层级需求文档情况；

c. 确认涉众所需的系统服务在需求中得到了适当的文档化；

d. 确认涉众需求忠实地描述了所需的系统服务；

e. 提供确认的不合格报告及纠正措施；

f. 定义所有需求到更高层次需求的可追溯性；

g. 提供确认过程的关注点、问题和约束相关文档。

（3）需求确认的具体要求

a. 在确认工作开始前须制订确认计划。确认计划需记录在系统工程主研制计划之中；

b. 需求确认须有确认表单及确认报告。在确认活动期间，需完成一个确认表，该表单在确认完成时需包含在确认报告中。确认报告也是需求文档的输入，确认表单将成为后续验证活动的基础；

c. 确认过程适应需求开发的所有阶段及产品的不同层级。为确保各级设计符合预期的任务，确认活动应在系统需求的不同层级上开展——随着开发的细节沿着生命周期发展，确认应是一个阶段性的过程。

（4）主要需求确认过程

需求确认应确认所有类别中的所有需求。一般来说，更高层次的需求确认完成后，可作为确认低层次需求的基础。确认过程大致分三个阶段进行：计划、评估和文档，详细的过程如图 2-6 所示。

（5）需求确认的输入和输出

典型的需求确认表案例如表 2-1 所示。需求确认过程的输入和输出如图 2-7 所示。

表 2-1　典型需求确认表案例

序号	需求	需求文档	是否确认	来源	来源位置	一致性信息
3.2	A 系统在结冰条件下应能维持正常运行	初始需求文档	是	运行安全评估	运行安全评估报告	系统安全确认运行环境中预计会结冰

3)《FAA 系统工程手册》中的验证活动

该手册涉及验证的章节为"4.7.2　Verification"（验证）。

验证过程确保设计解决方案已满足系统需求，并且系统已准备好在其预期的

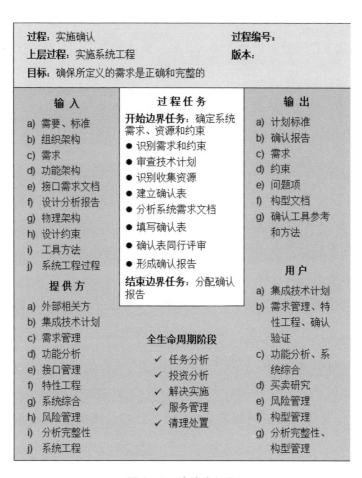

图2-6 确认流程图

运行环境中使用。这意味着经过验证的系统能够证明（显示证据）它符合系统任务的需要；功能、性能、分配、衍生和接口需求以及设计和分配满足利益攸关方需要的约束。验证过程支持系统生命周期的所有层级的系统演化，从概念到初步分析，再到设计和开发，最后到生产、产品验收、运行和废弃处理阶段。

（1）验证目标

验证过程的主要目标是证实正确地实现了预期的功能，并且系统运行准备就绪，用户可以接受，需求得到满足，专业工程分析在系统实现时仍然

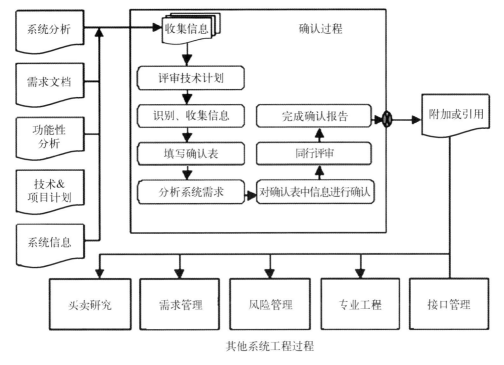

图2-7 需求确认过程的输入和输出

有效。

　　成功的验证证实了开发过程提供了一个符合利益攸关方需求并符合系统验证需求的系统。验证系统需求文档中的所有需求是验证的基本参照准则。但这并不意味着每个需求都需要测试，而是需要在适当的级别进行某种形式的测试和评估（T&E）和/或系统工程评估，以确保满足所有的需求，如图2-8所示。

　　鉴于产品开发周期的广泛性和产品不同层级开发的复杂性，需要针对每个项目进行验证过程的定制。验证的预期结果包括：主验证计划（MVP），需求验证追溯矩阵，单个的测试和评估/系统工程评估计划，测试和评估程序，验证成熟度评审，测试和评估/系统工程评估报告（详细的测试和评估结果），符合性文档（包括系统产品符合系统需求的文档和不合格报告）。

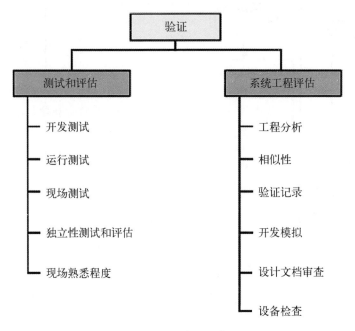

图 2‑8　验证活动

（2）验证的定义

FAA 对验证的定义是：对系统实现的评估，以确定满足了适用的需求。验证是要求评价系统产品和过程满足系统需求的发展和有效性而对系统元素执行的所有任务、操作和活动的组合。有两种验证的基本方法和补充方法：测试和评估、系统工程评估。

a. 测试和评估。

建议将 T&E 程序设置为：

- 提供必要的信息来支持决策；
- 提供必要的信息来评估技术和采购风险；
- 验证技术性能规范和目标的实现情况；
- 验证系统在运行上是否有效，是否适合预期用途。

建议为每个采办管理系统（AMS）生命周期阶段设计 T&E 目标，以减少潜在的运行风险，并演示与该阶段相适应的系统性能。定量标准为硬件、软件和系统成熟度的分析提供了实质性的证据。

建议每个 T&E 阶段都有特定的里程碑（入口和出口标准），在下一个 T&E 阶段进入之前满足这些里程碑。如果并行测试比串行测试更有效，并且至少与串行测试一样有效，那么就鼓励并行测试。

非常希望在实际（或模拟）运行条件下通过测试来确定系统性能；然而，在系统部署之前，这些条件可能是不可能的。部署时发现的问题纠正起来代价高昂；因此，在项目开发过程中经常采用检查、分析和测试相结合的方法在早期发现问题，从而降低风险并帮助确定成功的、成本效益好的项目。

需求规范中的每一项需求的符合性应通过本手册中描述的一种或多种方法以及需求验证追溯矩阵中指出的方法进行验证。

T&E 方法包括：

a）演示验证。此方法包括通过在特定场景下对执行其设计功能的部件或设备进行操作、调整或重新配置来完成验证。可以对这些部件或设备进行仪表化，并对性能的定量限值进行监测；然而，只需要检查表，而不需要记录实际的性能数据。当实际的演示技术可能用来验证是否符合需求时，就会使用这种方法。将工程师或仪器所做的观察结果与基于需求的预定响应进行比较。这种验证方法的一个例子是在指定的时间内演示安装和拆卸飞机发动机。演示通常用于验证是否符合维修、可靠性、可维护性、可运输性和人为因素工程方面的要求。

b）试验验证。这种方法是通过在适当的条件下系统地使用应用程序，并收集、分析和评估定量数据来实现验证的。

c）分析验证。这种方法是通过技术或数学评估，建模或仿真，算法，图表，电路图和代表性数据来实现验证的。

d）检查验证。这种方法是通过感官检查项目，审查描述性文档，并将适当的特征与预先确定的标准进行比较来确定是否符合要求，而不需要使用试验室设备或程序。检查通常是非破坏性的，使用视觉、听觉、嗅觉、触觉和味觉，简单的物理操作，机电计量和其他调查手段。检查通常验证系统的物理设计特性、结构特性、工艺、尺寸、质量和物理条件（如清洁度、安装和表面处理）。检查可能包括对审查文档、系统描述和其他材料，以便将实际系统与预定的标准进行比较。

b. 系统工程评估。

通过系统工程评估进行验证，可以支持产品、服务和流程的开发，以验证系统最终产品是否满足需求。验证评估涉及解决方案、备选方案的验证要求和标准，验证的定义，概念的证明，以及开发、鉴定、验收、相关操作和其他测试。评估还可考虑关键验证方法和过程所需的需求和程序（如验证关键方法和假设，分析验证中使用的数据）。

建议在概念设计时，开始启动验证评估流程。验证评估来自主验证计划（MVP）和验证工作的结果。根据集成技术规划过程，MVP 的目标是定义所有验证活动，以证明系统有能力满足其规范的要求。这些活动应完全整合，以确保在规定的时间内以最低成本提供充分的数据。在整个产品开发、测试和评估过程中，不断反馈验证数据是减少风险和及早发现问题的必要条件。目标是在生产和运行使用之前完全验证系统满足所有的需求。

系统工程评估方法包括：

a）工程分析验证。此过程包括系统工程分析、专业工程、统计定性分析、仿真和建模等技术。当测试不可行、相似性不适用、检验不充分时，采用工程分析。

b）相似性验证。此过程通过评审类似的系统测试数据、配置和应用程序来评估对需求的符合性。该方法仅适用于设计和制造过程相似的系统，且之前的系统符合同等或更高的规范时，才使用该方法。需要非常小心地确保新兴系统的预期应用程序环境与之前的系统测试环境相同。

c）记录确认。在进行最终产品验收时，此过程审查制造记录，以验证系统的特性和要求。

d）仿真。此过程使用系统的模拟模型验证设计特性、系统行为和性能。

e）设计文档评审。此过程严格审查设计文档，例如来自采购评审、设计审查（初步和关键）和其他评估的报告和图纸。

f）物理检查。此过程根据预先建立的标准目视检查物理设备或构型来评估是否符合需求。

（3）与其他系统工程过程的接口

验证与其他系统工程要素有多个接口。这些接口包括需求管理、综合、集成技术规划、专业工程、风险管理、接口管理和生命周期工程。

（4）验证的输入

验证的主要输入分为四类：技术；技术规划；需求文档；设计信息、测试和评估条件。下面将分别对以上四类输入进行阐述。

a. 技术。

采用先进的技术会制约验证手段。因此，在制订验证方法时考虑这一因素至关重要。

b. 技术规划。

这些计划是通过集成技术规划过程制订的。这些过程详细描述了执行计划的总体设想，包括验证的时间和顺序。为了正确地进行验证，需要收集的计划包括项目集成计划（IPP）、主验证计划（MVP）和项目的系统工程管理计划（SEMP）。国家空域系统的体系结构也是一个有价值的输入，因为它定义了 FAA 的框架，在该框架中，被验证的系统将最终在其中运行。

c. 需求文档。

需求文档是需求管理过程的输出。这些文档包括客户的操作要求，以及监管机构和法规要求。包含验证报告（以及相关的验证表）和验证规范的需求文档是验证过程的主要信息来源。需求文档需要由特定阶段的实施团队来维护。建议需求文档应包含接口、功能分析、专业工程分析和系统配置的最新信息。

d. 设计信息、测试和评估条件。

此输入对于理解产品构型非常重要（构型管理提供了这个过程的完整描述）。为了制订主验证计划和单独的测试计划，系统工程师需要所有可用的设计信息，包括物理架构、图纸、接口文档、系统设计规范、功能规范、产品规范和测试设备设计。这些信息还包括用于评估的专业工程研制分析报告（DAR）。此外，还需要提供功能体系架构及其相关的分析。功能分析的结果提供了对基本功能和需求原因的更深入的理解。如果在验证时存在接口控制文档（ICD），那么也需要这些 ICD（这些文档提供了关于系统运行所涉及的接口的详细信息）。系统确认和验证的一部分工作，就是确保这些接口的需求是正确和满足的。测试和评估条件是进行验证的或整个系统的组成部分。

（5）验证过程

验证是通过 T&E 和系统工程评估相结合的方式来完成的。一般的验证过程任务分为三个不同的阶段：规划、执行验证活动和文档编制。规划和文档编制对 T&E 和系统工程评估来说都是通用的。规划包括确定所需的资源，活动的顺序和时间，要编制的数据和文档，以及制订评估标准。规划工作的结果记录在主验证计划中。文档编制阶段包括确保完成的证据得到记录和核对而进行的任务。执行验证活动阶段包括使用实际验证方法的过程或任务，无论是 T&E 还是系统工程评估。实施验证过程如下所述。

a. T&E 验证过程。

规划和实施 T&E 过程的具体指南包含在 FAA 采办系统工具箱（FAST）索引中的测试和评估部分中。

b. 系统工程评估验证过程。

系统工程评估验证过程与其他系统工程过程——集成技术规划（IPT）、需求管理、接口管理、专业工程以及风险管理、功能测试是同时协调完成的，以确保有效地管理项目成本、进度和风险。验证过程的程序计划在主验证计划和项目集成计划中有详细的说明。

采用系统工程评估方法的目的是通过对系统产品的评估，表明系统行为和特征符合指定的需求。验证提供在系统实现或过程中采取必要的补救措施纠正不符合项时所需的信息。

采用系统工程评估进行需求验证的推荐过程任务如下。

- 任务 1：收集可利用的信息。

- 任务 2：从综合技术部门获得主验证计划或现在就开发验证计划。

- 任务 3：确定验证方法。

- 任务 4：填写验证需求追溯矩阵。

- 任务 5：制订单个的验证程序。

- 任务 6：进行验证准备评审。

- 任务 7：执行验证。

- 任务 8：编制验证报告。

- 任务 9：编制需求验证符合性文档。

（6）资源处置

这一过程获得对验证活动所需资源的装运、合同签订、出售、报废、捐赠或放弃的正式指示或同意。处置确保所有系统产品和过程的安全停用和处置，并完成建立符合处置要求的必要验证。

一旦系统工程和验证团队完成、接受和记录了产品验证，验证团队就负责标识未使用的、多余的或过时的验证资源。根据资源所有权的不同，将提交所需的处理文档，并完成资源处置。所有资源处置行动都应有文档记录，并根据需要归档或存档。

4）确认与验证的输出

确认与验证过程主要的输出包括如下。

a. 制订和完成主验证计划（以及 IPP 和 SEMP 程序），及其集成规划过程的规划准则。

b. 影响权衡研究活动的约束。

c. 风险管理过程需要分析的关注点和问题。

d. 确认过程特有的输出有：

a）确认的需求；

b）确认报告中的确认表格文档。

e. 验证过程特有的输出有：

a）表明验证结果的需求验证追溯矩阵；

b）需求验证符合性文档；

c）执行计划验证方式的工具/需求分析要求；

d）T&E 和系统工程评估计划；

e）验证成熟度评审文档（VRR）；

f）验证文档，包括验证报告。

2.2　确认与验证行业实践

2.2.1　国外主制造商 A 公司的确认与验证

A 公司在 2003 年实施基于需求的工程，并在相关程序文档中详细定义了飞机的研发流程，包括确认规划和流程。A 公司定义的 V&V 流程中，包括需求确认、设计验证、产品验证和产品确认。其中，需求确认指确认需求的正确性和完整性，以表明"我们做正确的事"；设计验证是指验证设计方案对需求的符合性；产品验证指验证做出的产品是否符合需求，以表明"我们正确地做事"；产品确认指最终确认做出的产品是否符合客户的需要。

A 公司认为，等到飞机飞行（或马上要飞行）才首次检查它与产品需求的符合性是颇有风险的。如在这个阶段发现重大缺陷，再进行修改的代价是非常昂贵的。因此，需引用一个中间步骤来检查设计是否满足需求。这种符合性检查在详细阶段设计开始前就要进行——称为"设计验证"（design verification）。设计验证在关键设计评审（CDR）时进行。CDR 一般持续一天到几天，通常没有足够的时间验证所有需求，因此需要在几周前进行充分的准备。这样在 CDR 时，只需讨论不符合项。

捕获和确认需求过程产生两种交付物：需求描述文档和确认总结。

需求描述文档提供文档形式的需求集完整视图，同时伴随的还有具体的描述文本，通过提供附加的文本信息帮助理解需求。

确认总结提供所有从需求描述文档得来的需求都已经被确认的保证。它包括如下内容。

a. 引用的需求管理计划；

b. 引用的需求描述文档；

c. 引用的上层级需求的符合性矩阵（如果适用）；

d. 需求确认矩阵。

2.2.2　国外主制造商 B 公司的确认与验证

B 公司在文献中[12] 对某型号飞控系统需求的定义和确认过程做了详细描述：需求定义过程的主要交付成果是一组经过批准和记录的需求，主要活动包括需求开发、需求确认和需求批准。需求确认活动解决了需求的正确性，与其他需求的兼容性、可理解性、可测试性、可维护性、成本以及过去的经验在需求的确认过程中发挥了多大的作用等。

某型号飞控系统采用的需求确认方法如下：

a. 评审。即采用各阶段审核来确认需求。主要审核活动包括系统设计评审（SDR）、初步设计评审（PDR）和关键设计评审（CDR）。通过审查活动确定了需求的正确性、完整性，并确保了系统基线满足这些需求。最初的 SDR 侧重于整体系统需求、架构和基本设计。PDR 评审详细的系统需求和设计，并展示设计如何满足需求，作为系统确认的初始阶段。CDR 涵盖了 PDR 后的变更以及最终的系统评估。

b. 分析。完成性能分析以确认正常和故障条件下系统稳定性的相关需求。

c. 模拟。通过"桌面"模拟确认控制律和端到端的系统性能需求。

d. 测试。在该型号计划开始时为开发中的主飞控系统和执行器控制电子航线可更换单元（LRU）提供了独立的测试平台，这些设施辅助需求通过测试完成确认。

该型号飞控系统需求开发和批准过程如图 2-9 所示。

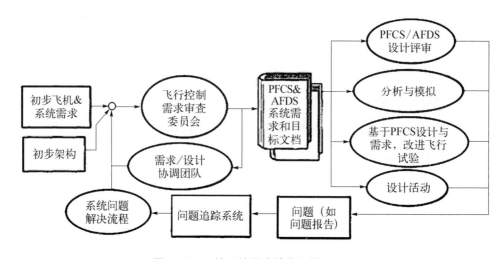

图2-9 飞控系统需求捕获和批准过程

（AFDS——自动飞行导引系统；PFCS——主飞控系统）

2.2.3 中国航空领域的确认与验证

1）中国航空领域的确认

经过型号研制的积累，我国民机产业在系统集成与验证、适航审定等方面取得了长足进步，初步形成了以满足客户需求为目的，围绕产品全生命周期，通过产品集成与过程集成实现全局最优的技术和管理体系。

在国内民机研制过程中，随着对 SAE ARP4754A 的逐步学习及应用，中国商用飞机有限责任公司、中国航空工业集团等民机主制造商，通过 C919、ARJ21、MA700、AG600 等重大民机项目的牵引，逐步制订了各自的全生命周期民机研制程序，针对确认与验证领域的过程、指南/方法形成了初步的技术体系。

部分国家标准和企业规范中对确认过程均有所规定，下面将分别阐述。

（1）《系统与软件工程 系统与软件质量要求和评价》（GB/T 25000.10—2016）

该国标[13] 中规定确认是通过检查和提供客观证据来证实针对某一特定预期用途的需求已经得到满足。在设计和开发中，确认涉及检查某个产品以确定是否符合用户需要的过程。确认通常是对最终产品在规定的使用条件下进行的。在早期阶段，也可能需要进行确认。如果有不同的预期用途，可以进行多重确认。

（2）《系统与软件工程　系统生存周期过程》（GB/T 22032—2021）

该标准[14]中涉及确认的章节为"4.1.53 确认"以及"6.4.11 确认过程"。

a. 4.1.53 节中对确认的定义是：通过提供客观证据来证实针对某一特定预期用途的需求已予满足。

b. 6.4.11 节对确认过程的描述包含如下内容。

6.4.11.1　目的

确认过程的目的是提供客观的证据，证明系统在使用时能够符合其业务或使命目标，以及利益相关方的需求，并在其预期的运行环境中实现其预期的使用。

对系统或系统元素进行确认的目标是获得系统能够在特定的运行条件下完成其预期任务的信心。确认过程由利益相关方批准。此过程提供了必要的信息，使得在发生异常时，能够采用合适的技术来解决已识别的异常情况。

6.4.11.2　输出

确认过程成功实施后，结果如下：

a）定义了针对利益相关方需求的确认准则；

b）确认了利益相关方要求的服务的可用性；

c）识别了影响需求、架构、设计的确认约束；

d）确认了系统和系统元素；

e）确认过程所需的所有使能系统或服务均可用；

f）识别了确认的结果和异常；

g）提供了实现的系统或系统元素满足利益相关方需要的客观证据；

h）建立了所确认的系统元素的可追溯性。

6.4.11.3　活动和任务

项目应根据与确认过程有关的组织方针与规程实施下列活动和任务：

a）准备确认。此活动由以下任务组成：

　　1）识别确认的范围和相应的活动；

　　2）识别可能影响确认活动的可行性约束；

　　3）对每一个确认活动选择合适的方法或技术及相应的准则；

　　4）定义确认策略；

　　5）确认策略应从利益相关方需求中识别系统约束；

　　6）识别和规划支撑确认过程所必需的使能系统和服务；

　　7）获得或者得到支撑确认过程的使能系统和服务的使用权。

b）执行确认。此活动由以下任务组成：

　　1）定义确认规程，每个规程支持一个或一组确认活动集；

　　2）在定义的环境中实施确认规程；

　　3）检查确认结果，以确认系统能够向利益相关方提供其所要求的服务。

c）管理确认结果。此活动由以下任务组成：

　　1）记录确认结果和所有发生的异常；

　　2）记录运行中的偶发事件和问题，并跟踪解决方案；

　　3）获得利益相关方对其需求得到满足的认可；

　　4）保持被确认的系统元素的可追溯性；

　　5）提供已纳入基线的关键信息项。

（3）《武器装备研制系统工程通用要求》（GJB 8113—2013）

该标准[15] 中涉及确认的章节为"4.9确认"，具体内容如下。

4.9.1　确认概述

　　由订购方对移交的武器装备进行作战能力确认，判定需求是否实现。确认过程可适用于武器装备体系结构组成单元。确认的方式包括需求核查，在使用构想条件下的模型、样机评估，部队试验试用或作战试验等。确认过程包括以下步骤：

a）制订确认计划；

b）完成确认。

4.9.2　制订确认计划

制订确认计划的主要任务包括：

a）考虑使用环境和需求，定义武器装备作战能力的确认策略；

b）编制确认计划。

4.9.3　完成确认

完成确认的主要任务包括：

a）确保确认所需的使用人员、基础条件已准备就绪；

b）开展确认，演示与需求一致的作战能力；

c）获取可用的确认数据；

d）根据规定或协议，隔离或单独处理产生不符合项的武器装备体系结构组成单元；

e）分析、记录及报告确认信息，包括确认活动结果、故障、暴露的设计问题等。

4.9.4　确认的输出

确认过程的输出内容主要有：

a）确认计划（含确认策略）；

b）确认报告（含不符合项纠正活动的数据信息）；

c）对改进设计或武器装备升级的反馈。

（4）ARJ21-700飞机型号合格审定丛书《系统安全》分册[16]

确认过程是通过采用主观（工程经验）和客观（样机、仿真技术方法等）结合的方式保证硬件的衍生需求对应于分配到硬件项目的系统需求是正确和完整的。确认过程可以在硬件具备实体之前或之后进行，但典型的确认过程是贯穿整个硬件设计生命周期的。并非所有的硬件衍生需求都需要确认，但是在设计决策中对系统安全或分派给系统其他部分功能需求有影响的衍生需求必须确认。此外，限制后续设计任务的设计方案和假设应该作为衍生需求进行确认。需要确认的衍生需求应该对照分派给硬件项目的系统需求进行确认，对于不能追溯到上层需求的衍生需求应该对做出这些需求的设计决策进行确认。

2）中国航空领域的验证

部分国家标准和企业规范中对验证过程均有所规定，下面将分别阐述。

（1）《系统与软件工程　系统生存周期过程》（GB/T 22032—2021）

该国标[14] 6.4.9节对验证过程的阐述如下。

6.4.9.1　目的

验证过程的目的是提供客观的证据来证明系统或系统元素满足其特定需求和特征。

验证过程通过使用适当的方法、技术标准或规则来识别任何信息（例如系统需求或架构描述）、实施系统元素或者生存周期过程中的异常（错误、缺陷或故障）。本过程提供了对已识别的异常制订解决措施的必要信息。

6.4.9.2　输出

验证过程成功实施后，结果如下：

a）识别了影响需求、架构或设计的验证约束；

b）验证过程所需的所有使能系统或服务均可用；

c）验证了系统或系统元素；

d）报告了提供纠正措施数据的信息；

e）提供了证明已实现的系统满足需求、架构和设计的客观证据；

f）识别了验证结果和异常；

g）建立了验证的系统元素的可追溯性。

6.4.9.3　活动和任务

项目应根据与验证过程有关的组织方针与规程实施下列活动和任务：

a）准备验证。此活动由以下任务组成：

1）识别验证范围和相应的验证活动；

2）确定潜在的限制验证操作可行性的约束；

3）针对每项验证活动选择适当的验证方法或技术和相关准则；

4）定义验证策略；

5）通过系统需求、架构或设计中的验证策略来识别系统约束；

6）识别和计划支撑验证所需的使能系统或服务；

7）获取用于支撑验证的使能系统或服务，或获取其访问权。

b）实施验证。此活动由以下任务组成：

1）定义验证规程，每个支撑项或验证活动集合；

2）执行验证规程。

c）管理验证结果。此活动由以下任务组成：

1）记录验证结果和验证过程中发生的所有异常；

2）记录运行偶发事件和问题并跟踪其解决途径；

3）和利益相关方关于系统或系统元素满足规定的需求达成一致意见；

4）保持验证系统元素的可追溯性；

5）提供已纳入基线的关键信息项。

（2）《系统工程　系统工程过程的应用和管理》（GB/T 26240—2010）[17]

该标准涉及的验证包括功能验证和设计验证两部分。功能验证的目的是评估功能体系结构满足已确认需求基线的完整性，并且产生经验证的功能体系结构来作为合成的输入。

功能验证的流程如下。

a. 定义验证规程；

b. 进行验证评价；

c. 标识差异和冲突；

d. 建立经验证的功能体系结构。

其中，"进行验证评价"的主要活动包括验证体系结构完整性、验证功能和性能测度和验证约束的满足。

设计验证的目的是：

a. 设计体系结构最低层次的需求，包括衍生需求，可追踪到已验证的功能性体系结构；

b. 设计体系结构满足已确认的需求基线。

设计验证过程主要包括：

a. 选择验证方法，包括定义审查、分析、演示或测试需求，定义验证规程，建立验证环境；

b. 执行验证评价，包括验证体系结构完整性，验证功能和性能测度，验证约束满足性；

c. 标识冲突和差异；

d. 已验证的设计体系结构；

e. 已验证的生存周期过程的设计体系结构；

f. 已验证的系统体系结构；

g. 建立约束和配置基线；

h. 制订系统分解结构。

（3）《武器装备研制系统工程通用要求》（GJB 8113—2013）[15]

该标准指出应对武器装备及其体系结构组成单元进行验证，确定其是否满足技术要求。单元实现和产品集成完毕后均应开展验证。验证的方式包括演示、检查（或检验）、分析、试验（或检测）等。验证过程包括：制订验证计划和完成验证。

制订验证计划的主要任务包括：定义被验证对象的生命周期验证策略；根据被验证对象的需求和技术要求，考虑被验证对象技术状态的变更安排，定义验证计划；识别并沟通设计结果对验证开展的潜在约束条件，例如精度限制、不确定性限制、可重复性限制等。

完成验证的主要任务包括：确保验证所需的程序、工具、设备、设施和使用人员等符合要求并准备就绪；开展验证；获取可用的验证数据；分析、记录及报告验证信息，包括验证活动结果、不符合项及其纠正活动等。验证过程的输出内容主要有：验证计划（含验证策略）、验证报告（含不符合项纠正活动的数据信息）和对改进设计的反馈。

（4）《系统安全工程手册》（GJB/Z 99—1997）[18]

安全性验证是对系统中的安全关键的产品（包括硬件、软件和规程）正确地识别、控制和保持其正常的性能和容差的验证。在系统研制中验证安全关键的硬件与软件的设计以及安全关键的规程制订是否符合系统规范、系统要求等文档中的安全性要求。安全性验证在方案阶段和工程研制阶段开展，主要活动包括计划、方法、进行安全性试验时应考虑的问题的确定，对试验（含演示）的评审，新爆炸物的危险类别和特性的确定，新军械退役所需的数据、规程和试件的确定，报告等。

（5）《中国商用飞机有限责任公司系统工程手册》[19]

《中国商用飞机有限责任公司系统工程手册》重点在于解决顶层方法学的问题，主要阐述了中国商用飞机有限责任公司业务工作中应贯彻的系统工程的定义和要求，给出了系统工程的定义、针对商用飞机产品的生命周期的系统工程活动，对系统工程的通用方法以及过程集中的过程定义、范畴、输入输出、方法工具进行了具体描述，并给出系统工程的推行和实施的方法和要求。该手册涉及验证的部分为 5.10 节。

3　商用飞机研制中的确认与验证

3.1　确认

3.1.1　目的

确认过程的目的是确认产品需求充分正确和完整，以便在项目约束条件（如经费和进度）下，确保已定义的飞机或系统需求集合可以满足客户、使用方、维修人员、机场、适航当局和飞机项目开发者等利益攸关方的需要，同时识别缺失、矛盾及不正确的需求，以就飞机产品的设计（如架构）或交付给用户的最终产品与各利益攸关方之间达成协商一致的认可。

3.1.2　描述

确认过程可以确定利益攸关方的需要是否已被正确转化为飞机、系统或设备的技术。确认准则是基于已知的风险、安全性及关键性等几个因素进行筛选。图3－1是确认过程的主要框架。

飞机或系统的确认由项目总师和关键利益攸关方批准。该过程是在利益攸关方需求定义、产品架构确认或最终产品提交给用户的过程中进行的。这是为了确保需求能够恰当地反映利益攸关方的需要并且建立确认的准则，例如正确地构建系统。产品的确认过程，则会在产品交付过程中的验收活动中进行。

确认过程包括确认活动的确立、活动的详细计划和实施（包括识别到的问题的管理）、每项活动的责任方明确，以及确认数据的记录。它们确立 V&V 活动中

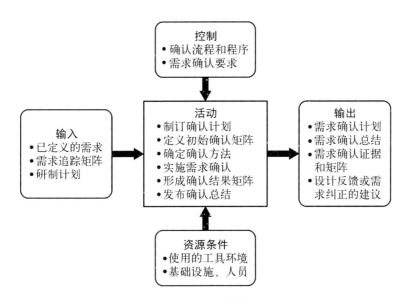

图 3-1 确认过程的主要框架

的"确认"信息，但是确认活动能否充分保证一系列需求或设计的正确性则是设计领域的问题。

在项目开始之初，就要在飞机或系统 V&V 计划中定义 V&V 方案、流程以及 V&V 活动的组织、管理和规定，以保障后续确认工作的有序执行。

对于系统需求确认活动，它适用于所有需求文档，代表性的文档主要包括系统需求文档（SRD），系统安装需求文档（SIRD），设备安装需求文档（EIRD），系统布线需求文档（SWRD）和产品规范（PS）。完整清单定义在系统 V&V 计划中。

3.1.3 输入/输出

1）输入

当利益攸关方明确后，需应用有效的标准，识别已定义的系统需求，建立并维护需求追溯矩阵。这些活动是在双方达成一致的协议、项目研制计划及相关公司政策的指导下进行的。

2）输出

需求确认活动的准确输出物清单依赖于相关系统的文档架构，输出物将在飞机或系统 V&V 计划中定义。确认活动的主要输出物包括：

需求确认计划（视情况而定）。根据确认工作的复杂度，可以视具体情况，详细定义所需开展的确认活动的具体规划（例如：仿真或建模需求、是否需要样品或进行相关试验等）。除此之外，多数确认计划文档需要按照规定编写。

需求确认证据和矩阵。包括对上一级需求的覆盖证据。确认证据的默认形式是通过确认矩阵记录。对于研制保证等级为 A、B、C 的产品技术需求，强制采用确认矩阵形式提交确认证据。对于产品规范中研制保证等级为 A、B、C 的需求，也强制采用确认矩阵，但确认证据可以用于表明多组需求。而对于其他文档，同样推荐采用研制保证等级矩阵，但需求可能要分类。

需求确认总结。需求确认总结表明确认活动的结果，确认总结需提供所有从需求描述文档而来的需求都已经被确认的保证。如：引用的需求确认计划、引用的需求描述文档、引用的上层级的需求的符合性矩阵（如果适用）、需求确认矩阵等。

设计反馈或需求纠正的建议。设计反馈表明需求的可实现性，以及阐明的设计代价，需求纠正的建议是初步设计反馈对需求提出的修改意见。

3.1.4　参与者与责任方

需求确认的参与者主要包括：设计人员、V&V 专家、CoC 专家、安全性和可靠性专家、系统可靠性专家、人因工程专家、测试集成团队、建模/仿真专家、系统集成测试专家等。

系统设计人员全面负责发布已确认的需求文档。他们需要识别需求文档相关的所有参与者和利益攸关方，并确保开展必要的确认活动（比如评审可支持性需求，制作展示样机，创建相关评估环节，确认任何需要试验测试的原理样机）。这些活动的创建在相关领域专家及相关学科专家的支持下按 V&V 计划进行。这对接收需求并参与需求确认的团队也是非常必要的。

需要注意的是，有可能会出现不同利益攸关方的需求存在冲突的情况，这时候如果系统设计人员或专家组无法调解，就需要总工程师团队来处理。总工程师团队要保持现有需求同更高层需求一致。

3.1.5 过程

1) 制订确认计划

确认计划贯穿于整个研制过程中，计划应概述如何表明需求是完整和正确的，如何对假设进行管理的。飞机研发伊始，应根据适航、产品成熟度等内容制订需求确认策略、交付物、确认活动进度、角色与职责等内容，并形成需求确认计划。

需求确认活动正式开始之前，需要指定需求确认活动的执行人（见图3-2）。需求确认执行人必须是所确认需求相关领域的专家。需求确认执行人负责采用已定义好的确认方法对所负责的需求进行确认。在需求确认活动结束时，必须给出需求确认结论。

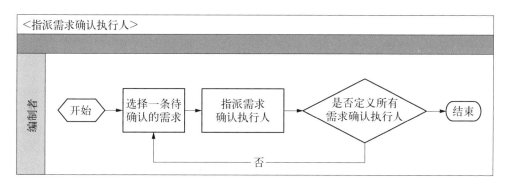

图3-2 指派需求确认执行人基本流程

需求确认计划用于指导如何定义具体的确认活动，因此在制订需求确认计划时需要得到专家的支持与评审。同时，应让试验测试团队、仿真和建模团队以及确认工作负责人参与需求确认计划的制订。需求确认计划中应详细定义各种角色及其相应的职责，以确保所有相关专业参与需求确认活动。所制订的需求确认活动应明确在项目研制过程中各个里程碑节点的需求确认目标。如果在某个里程碑未能实现相关的需求确认活动，即代表着尚未完成该里程碑相关的任务节点。

确认过程的输入包括系统描述（包含运行环境）、系统需求、系统架构定义以及研制保证等级。需求的确认计划内容应包括：

    a. 使用的方法；

    b. 要收集和生成的资料；

    c. 应记录什么（如总结、评审或调查研究）；

    d. 及时获取需求信息的方式；

    e. 当需求有变更时，如何维持及管理确认工作的状态；

    f. 确认工作的角色和责任；

    g. 关键确认活动的时间规划；

    h. 在不同设计层次和研制的不同阶段管理假设的方法；

    i. 通过确认工作提供需求定义的独立性的方法。应与验证计划进行协调，明确哪些确认过程可以作为部分验证工作。

当需求或者设计变更时，应对所计划或者已执行的确认活动进行评估，以确定是否需要重新开展或者修改确认活动。如果已经建立了需求与确认证据之间的链接追溯关系，将有助于在需求发生变更时进行相关的评估。

2）定义初始确认矩阵

该过程需要考虑硬/软件性能、衍生要求、环境和运行考虑、假设和支撑资料在内的要求及确认结果。在通盘考虑以上要素的基础上，建立确认矩阵。每个要求的来源应是可识别的。在研制期间，应定期更新该矩阵，并将其纳入确认概要。

需求确认矩阵必须包括以下要素：

    a. 被确认的需求；

    b. 需求的来源；

    c. 假设；

    d. 研制保证等级；

    e. 需求确认执行人；

    f. 需求确认方法；

    g. 需求确认支撑数据；

h. 需求确认结果；

i. 需求确认结论；

j. 需求确认状态。

需求确认矩阵的要素如表 3-1 所示。

表 3-1　需求确认矩阵要素

需求编号	需求内容	需求来源	假设	研制保证等级	需求执行人	确认方法	确认状态	确认过程	确认意见	确认结论	确认证据

3）确定确认方法

（1）需求追溯

追溯是确认飞机、系统和部件需求必需的部分。一条需求应该可以追溯至其上一层级的需求，或者追溯至产生该条需求的具体设计决策或者数据。追溯性本身可以从完整性的角度证明低层级的需求满足高层级的需求。然而，虽然通过设计决策或设计细节已获取附加需求，但应捕获相应的依据。应通过相应的依据来证明较低层级的需求如何满足上一层级的需求。有些低层级的需求可能不能对上一层级的需求（如衍生需求）进行追溯，这些需求应通过相应的依据来证明其有效性。

（2）需求依据

追溯本身可以从完整性的角度表明低层级需求满足高层级的需求。然而，如果是在设计决策或者设计过程中额外增加的需求，就需要捕获相应的需求依据。需求依据应该说明低层级的需求是如何满足高层级的需求。对于那些无法追溯到高层级需求的衍生需求，必须通过需求依据来说明其合理性。

（3）分析、建模或试验

分析是指采用多种分析手段和技术对需求进行确认以决定需求的可接受性。具体的安全性相关分析［FHA、初步飞机安全性评估（PASA）/初步系统安全性评估（PSSA）］可以作为安全性需求的确认证据。

建模是指采用系统或部件的模型对需求进行确认。原理样机是指基于硬件或者基于软件的系统的模型，可能是也可能不是开发版本的系统。原理样机允许系统的使用者与给定的系统进行交互以便发现缺失的需求、系统应该抑制的行为，以及用户与系统交互导致的潜在问题。

试验是一个根据某种目标准则证明性能的量化确认流程。采用专门的试验（物理/虚拟）、模拟或者演示等手段对需求进行确认。根据样机、原型机、模拟器、虚拟集成试验平台或实际硬件和软件的可用性，可以在研制过程中的任意时间开展试验来确认需求。应注意确保任何模拟应能充分代表实际的系统、其接口以及安装环境。项目验证试验也可用来支持并用于对项目设计的需求进行确认。

（4）相似性

相似性指通过比较已经取证的相似系统的需求来对需求进行确认。该确认方法的说服力随着前期研发系统的数量的增加而增加。只有在拥有足够的经验以后才能够使用该方法进行需求确认。在以下情况可以使用相似性确认方法：① 两个系统/部件拥有相同的功能和失效状态等级，它们的运行环境相同，并且具有相似的用途；② 两个系统/部件在等效环境下执行相似的功能。

（5）工程评审

工程评审是指通过评审、检查和演示形式采用个人经验来决定需求的正确性和完整性。评审过程中恰当合理的理由或者逻辑必须被归档。

在需求确认过程中是否应用独立性原则依赖于研制保证等级。需求捕获和需求确认活动应该是相互分开、独立进行的。因此，需求确认计划对应用了独立性原则的需求确认过程进行描述。在需求确认过程中，实现独立性原则的最常用方式就是开展独立的评审，即独立地评审需求数据和需求依据支撑材料，并确定是否有足够的数据表明每条需求均是正确的以及一组需求是完整的。这些独立的评审包括同行工程评审以及由客户、使用者、维修者、局方审定人员以及设计人员参加的评审。

4）实施需求确认

（1）确认严苛度等级的制订

确认的严苛度等级决定了确认的方法。而确认的严苛度等级则与安全性评估结果紧密相关。安全性分析定义和分配了功能研制保证等级（FDAL）和部件研制保证等级（IDAL）。

系统的功能研制保证等级决定了确认的严苛度等级。当功能定义负责人完成系统功能定义后，安全性专业人员将所定义的功能作为安全性分析工作的输入，并根据安全性分析的结果给每一项功能分配功能研制保证等级。相应地，一个功能相关的功能性需求的确认严苛度等级就应该遵循该功能的功能研制保证等级。需求确认过程中是否应用独立性原则也依赖于研制保证等级。需求捕获和需求确认活动应该是相互分开、独立进行的。在需求确认过程中，实现独立性原则的最常用方式就是开展独立的评审，即独立地评审需求数据和需求依据支撑材料，并确定是否有足够的数据表明每条需求均是正确的以及一组需求是完整的。这些独立的评审包括同行工程评审以及由客户、使用者、维修者、局方审定人员以及设计人员参加的评审。尽管所有的确认方法可能都不能直接保证独立性，例如：分析、场景、相似性和需求追溯，这些确认方法的结果和适用性是可以检查的，且应由研制保证等级指明独立性需求，如表3-2所示。

表3-2　不同研制保证等级下的适用性及独立性

目 标 描 述	不同研制保证等级下的适用性及独立性				
	A	B	C	D	E
系统需求的完整性及正确性	R*	R*	R	A	N
假设的正确性及有效性	R*	R	R	A	N
衍生需求的正确性及有效性	R*	R*	R	A	N
需求的可追溯性	R	R	R	A	N
提供确认符合性的证明材料	R	R	R	A	N

注：R*—推荐用于合格审定且该过程需具有独立性，R—推荐，A—可协商，N—不要求。

（2）选择需求确认方法

需求确认方法包括：需求追溯，需求依据，分析、建模或试验，相似性和工程评审。确认时应考虑预期和非预期行为。对预期功能的需求进行确认时，应评估预期功能的需求是否能通过目标通过/失败准则。试验和分析期间应保持警惕性，确定系统/项目非预期的行为或副作用。当不能直接确认是否存在非预期行为时，可通过专门的试验和具有针对性的分析来降低非预期行为出现的概率。

需求确认方法和捕获的需求确认证据取决于被确认需求的确认严苛度等级。表 3-3 给出了相应的研制保证等级与应采用的需求确认方法的对应关系。需求确认过程中，允许采用不同的方法进行需求的正确性和完整性检查。

表 3-3　需求确认方法/数据与研制保证等级的关系

	研制保证等级 A 和 B	研制保证等级 C	研制保证等级 D	研制保证等级 E
PASA/PSSA	R	R	A	N
确认计划	R	R	A	N
确认矩阵	R	R	A	N
确认总结	R	R	A	N
需求追溯（非衍生需求）	R	R	A	N
需求依据（衍生需求）	R	R	A	N
分析、模拟或试验	R	推荐采用任意一种	A	N
相似性（运营经验）	A	推荐采用任意一种	A	N
工程评审	R		A	N

注：R—推荐，A—可协商，N—不要求。

（3）捕获需求确认证据

捕获需求确认证据的过程包括采用已确定的确认方法和正确性判断准则确认每条需求的正确性，实现以下目的：确保所有需求满足正确性判断准则；收集、归档证据以证明需求确认活动已经执行。

确认证据需与确认方法对应，形式包括但不限于：专家评审（评审会议纪要）；分析（分析报告）；建模（模型）；试验（试验报告）；相似性（相似性分析报告）；追溯（链接至父辈需求或相关行业规范、适航条例等）。

过程中所产生的相关报告必须纳入构型管理。在开展需求确认过程中，需求确认执行人应将需求确认结果记录在 DOORS 数据库中的需求确认矩阵中。在 DOORS 需求管理数据库中根据需求对上述确认证据进行引用，以表明已经正确开展相关确认活动来检查需求的正确性。在引用文档作为确认证据时，必须明确给出引用文档的文档名、文档号以及版本这些信息。

（4）检查正确性与完整性

正确性表示一种程度，意指需求个体是否是清楚的、可验证的、与其他需求是相符合的，以及对需求集是必要的。在确认过程期间，应对所指定需求的正确性进行检查并证明其合理性。正确性检查叫采用表 3－4 所述检查单。

表 3－4　需求正确性检查单

编　号	正确性检查准则	描　述
1	需求类型定义是否正确？	对于每项条目，需要设置需求类型属性来标识该条目是否是一条需求。如果将一个条目的需求类型设置为"Reqmt-Evidence"，那么该条目中必须包括一个并且只能是一个"shall"。检查中应确认条目的需求类型设置是否正确
2	需求层级是否正确？	需求层级是否正确？
3	需求是否为一条独立的需求？	需求是否仅包括一个"shall"？不允许把多条需求放置在一个条目里。如果一个条目包含多条需求，则应该将这些需求拆分至多个条目里
4	需求是否被分割成若干个独立的条目？	为保证一条需求自身的完整性，不应将一条需求拆分至多个条目。检查中应找到存在这种情况的条目，并将它们合并成为一条完整的需求
5	需求本身是否完整？	需求所有必需的输入、输出状态是否已经定义完整？
6	需求中是否存在拼写错误、错别字？	需求中是否存在拼写错误、错别字等低级错误？

编　号	正确性检查准则	描　　述
7	需求是否清晰明确？	需求意图是否清晰？在需求中是否存个别词语使得需求表述含糊不清？例如，需求中包括"足够的""大约""最大""最小""粗略地"等词语将使表述不够清晰。在需求中尽量少使用缩略语以避免需求表述不清。如果为了达到需求表述简洁的目的而使用缩略语，那么必须在附加信息属性中对所使用的缩略语进行说明解释，并且确保在一个需求集合中保证所有缩略语是一致的
8	需求的附加信息是否已经正确定义？	附加信息属性是用来对需求、需求中所用到的术语、缩略语等进行解释的
9	需求是否可以验证？	可验证性是指可以采用一种清晰的方法确定产品满足需求。需求是否可以采用试验、模拟、评审等方式进行验证。尤其是那些表述不清楚的需求，例如包括"最小的""最大的""尽量地"等词汇的，通常很难被验证
10	需求是否现实？	需求在物理原理上是否是可能实现的？
11	需求是否可以实现？	需求在项目的限制内是否是可行的、可以实现的？
12	需求与其他需求冲突吗？	需求与其他需求内容是否是相互协调而不冲突的？
13	需求是否是多余的、不需要的？	需求的内容是否是独立的、不与其他需求重复的？重复的需求将造成额外的确认与验证工作量，在变更中可能会因为只修改了一个地方而造成同一个需求描述不一样的风险
14	需求是否涉及具体实施？	需求内容是否涉及了具体的实施方案？需求一般用于表述"什么""何时"以及"多好"，而不是如何实现
15	需求是否已经被链接到正确的高层级需求？	对于非衍生需求，该需求应链接至其父辈高层级需求。某一需求只能链接到上一层级的需求，而不能链接至非需求条目
16	需求是否满足对应的高层级需求？	对非衍生需求，该需求应满足上一层级的父辈需求。即使父辈需求与低层级需求之间已经建立了链接，但是仍需要确认需求是否满足高层级需求
17	是否需要增加额外的需求才能满足高层级需求？	对于非衍生需求，有时可能会定义多条需求以满足高层级的需求。如果在现有基础上还需要额外的需求才能保证满足高层级的需求，那么应建立新的需求
18	需求的来源是否正确？	"Rationale"属性用来解释需求的必要性和定义该需求的原因。对于衍生需求，即没有父辈需求的需求，需求定义该属性以解释需求的来源，并确保需求来源的正确性

编　号	正确性检查准则	描　述
19	需求的假设是否正确？	需求所使用的假设是否有支撑材料或者数据以表明需求的正确性？需求假设是否表达明确？
20	需求是否有独一无二的标识？	在全生命周期内，需求必须被独一无二地标识，以便实现管理
21	需求是否被正确地分配给相关方？	需求应被分配至低层级或相关方，同时必须确保需求分配的正确性

　　完整性表示一种程度，意指当一个系统满足了一组正确的需求时，这组需求是否在所确定运行环境的生命周期各个阶段的所有运行模式下满足客户、用户、维修人员、审定局方以及飞机、系统、项目开发人员等方面的需求。可利用需求类型清单作为实施需求完整性检查的基础。完整性可被视为确认过程的一个可能输出，包含模板与检查单组合以及实际客户、用户、维修人员、审定局方和研制人员的参与（场景、原型机或建模方式等）。完整性检查可采用表 3-5 所示检查单。

表 3-5　需求完整性检查单

编　号	完整性检查准则	描　述
1	是否所有分配到该层级的高层级的需求（性能、运行、客户等类别需求）被正确、完全覆盖到？	是否所有分配给该模块的高层级需求都有一个从该模块需求开始的链接？同时，本层级需求应该对所有分配给该模块的高层级需求进行完整、正确的分解
2	所定义的需求是否完全覆盖到该层级所定义的功能？	所有分配给该模块/系统的高层级需求必须被正确地分解为该层级的需求。例如，系统根据飞机级分配的功能定义系统功能，根据所定义的每项功能定义一组需求以实现功能，这些需求应该覆盖所有本层级所定义的功能
3	是否已经定义了需求描述该层级功能的禁止行为？	应通过定义一组需求以描述功能执行相关的禁止行为
4	需求是否已经覆盖到了所有该层级的安全性需求？	模块中所定义的需求应完全覆盖了 FHA、PASA/PSSA 安全性分析工作所产生的安全性需求

编　号	完整性检查准则	描　述
5	是否已经包含了全部适应的适航规章及其他指导性要求？	应该将所有适用的适航条款及规章等转换为指导开展设计工作的具体需求
6	是否已经包含了所有适用的工业标准和公司设计标准？	应该将所有适用的行业标准及公司设计标准转换为指导开展设计工作的具体需求
7	是否已经包含了所有相关运营和维护需求？	所定义的需求必须涵盖所有相关的运行、维护需求
8	是否已经包含了所有相关可靠性需求？	所定义的需求应包括完整、全部的 MTBF、派遣可靠性、派遣限制等需求
9	是否已经包含所有相关的环境需求？	应针对所适用的各种类型环境要求定义相应的设计需求
10	该集合的需求是否可以完整地定义系统/部件？	所定义的需求应可以全面、完整地定义所需设计的系统

（5）确定需求确认结论

需求确认负责人必须对所有需求确认评估数据进行汇总，以保证所有需求及其相关意见均被完全捕获。此后，需求确认负责人对每条需求相关的评价进行评估，并决定该条需求确认的结论，并在需求确认矩阵记录需求确认结论。如果某条需求未能满足正确性和完整性的全部判断准则，需求确认负责人需要详细记录下需求不满足正确性和完整性的原因，并给出相应的完善建议。

（6）确认假设

在大部分系统研制项目中，一些在需要时作出的假设（或判断），不能够直接得到证明。如果对错误假设的后果进行了评估与记录，那么这些假设本身的存在就不会成为合格审定的一个担忧。但是，关于这些假设的基础和范围很可能会被误解，结果会危及安全需求的实施。因此，应基于具体系统及其研制保证等级来确认这些假设（明确的或隐含的）并确立它们的合理性和依据。

假设可能在研制过程的早期就已经被使用，作为以后能够得到的更明确理解的替代。飞机和系统的研制是迭代的、并行的，不仅是自上而下的，也可能会有自下而上的影响。系统内相互关联的系统和项目可能在不同的研制阶段来支持系统设计过程。为了推进特定系统的研制，不得不基于假设来开展工作，而非基于具有追溯性的需求。在这些情况下，确认工作应能表明已经确实获得了明确的理解或可接受的依据，并且理解与相应假设之间的矛盾都已得到解决。

应对任何基于假设而制订的需求进行确认，并进行追溯。一些需求是基于所假设的更高层级的需求，这些需求应在合格审定时确定。

假设的确认过程主要是确保假设：说明清晰；发布合适；能通过支撑证据来证明是合理的。

用于确认假设的过程包括：评审，分析，试验。若一个错误假设的结果极可能降低安全性，则一个可能的确认方法应能表明系统是如何设计，也就是如何限制和界定错误假设可能导致的结果。

假设的分类及确认方法包括：

a. 与空中管制、维护、货物、人员、飞行动力学、性能、操作程序及乘客相关的操作/环境假设（例如，暴露时间、交通密度、维修间隔、性能限制）。通常很难或不可能与这些系统的所有者在需求方面达成一致，这就需要飞机设计人员假设飞机操作环境。当在操作环境上达成一致时，其他个体、文档和/或标准可能可以代表这些系统的所有者。例如，适航当局不仅在法规上也可在交通密度的假设方面代表空中交通管理系统；

b. 与机组接口、系统接口以及可靠性相关的设计假设。可以通过借鉴已有的工业经验和惯例来确定这些假设，具体如下。

a）机组接口的假设可能包括机组和设备、正常状态下以及应急状态下操作环境的交互作用、机组成员行为特点（如反应时间、对于显示的理解、身体限制）以及机组之间的交互。关于机组接口假设的实例：机组对不同类型信息的反应时间，事件的识别时间（如过力操作的识别），决策的制订方法，对物理外形、视觉形式、颜色及动态行为辨别的准确性；

b）通过系统接口的假设来处理与所交换数据的含义或逻辑关系相关的问题（如格式、完整性、潜伏性和解决方案）；系统接口的假设也可能关注于数据信号的物理特性（如电压水平、阻抗、信噪比）。关于系统接口假设的实例：数据总线信息误读的概率，所有相关接口系统错误数据的正确处理，故障包容，错误输入的特性；

c）关于可靠性方面的假设包括：生命周期失效率模型是否适当；对于无效派遣的考虑，计划维修任务及其频率是否适当，零件的降额是否适当，对于潜在失效的潜伏性和暴露周期的考虑，失效模式分析的完整性，确立或证明 MTBF 预计的试验数据是否适当，已服役零件的适用性。

c. 使用性假设。通常是假设检修和修理措施，这类假设不会降低安全性。可通过对检修和修理程序进行评审来确认该类假设；

d. 安装假设（例如分割、隔离、线缆绑定、布线尺寸、环境、电源接入、断路器尺寸、通风、排水、污染源、装配集成、接地和屏蔽）。可通过评审进行安装假设的确认，包括：与工业标准和惯例进行对比，有选择的试验，样机模型、原型机或生产绘图/硬件的检查。

（7）确认衍生需求

技术、架构、系统和项目接口或设计实施选择等因素产生的需求，这些需求来源于设计过程本身，可能与上层需求不相关，这些需求被视为衍生需求。从来源来看，衍生需求可来自架构的选择，设计决策，电子硬件-软件接口等。衍生需求也需进行充分的确认，包括检查需求来源是否充分，确定它们支持的功能，以及需要评估这些衍生需求对较高层级需求的潜在影响，同时需要评估这些衍生需求对系统安全性评估产生的影响。

5）形成需求确认矩阵

形成需求确认矩阵的一项主要活动是将捕获的需求确认证据进行收集、归档以证明需求正确性确认活动已经执行。

另一主要活动是汇总、整理需求确认结论，并在确认矩阵中完成确认结论的填写。

6）发布确认总结

需求确认完成后应形成需求确认总结。需求确认总结报告是需求确认活动的主要输出物，该报告应提供足够的置信度以表明需求已经被完全确认。

确认总结中应包括确认需求证据的过程，采用已确定的确认方法和正确性、完整性判断准则确认，实现以下目的：

> a. 确保所有需求满足正确性判断准则；
>
> b. 确保需求集在一定程度上满足完整性判断准则；
>
> c. 收集、归档证据以证明需求确认活动已经执行；
>
> d. 描述任何严重偏离计划的情况。

确认证据需与确认方法对应，确认证据应能支撑需求确认过程。需求确认负责人必须对所有需求确认评估数据进行汇总，以保证所有需求及其相关意见均被完全捕获。此后，需求确认负责人对每条需求相关的评价进行评估，并决定该条需求确认的结论，并在需求确认矩阵填写需求确认结论。

如果某条需求未能满足正确性和完整性的全部判断准则，需求确认负责人需要详细记录下需求不满足正确性和完整性判断准则的原因，并给出相应的完善建议。

含有假设的需求，在其确认证据中需要额外包含对假设确认的证据。

描述确认过程及其结果的资料，是一种有效方法，用于保证沟通是建立于对系统设计重要问题理解的一致和均衡基础上。完成需求确认总结文档的编制后，应对需求确认总结进行签署，并提交总师系统进行评审和批准。

3.2　验证

3.2.1　目的

验证的目的是表明飞机的各级设计实现及最终产品（飞机、系统或设备）都满足了其对应的需求，包括：① 确定预期的功能被正确地实现了；② 确定所有需求都被满足了（正确地研制了飞机）；③ 确保安全性分析对已实现的系统仍然是有效的。

3.2.2　描述

验证过程确保所关注的飞机或系统的全部实现都执行了预期的功能，并且满足各自的性能需求。验证的方法通常包括分析、建模仿真、测试、目视检查及示范说明、评审等，这些方法将在后文中进行更深入的讨论。

系统验证过程也包括系统评估。系统评估是指对系统设计的一致性检查、对产品的集成测试和交付用户的确认等。验证标准在需求编制的时候就要制订，而评估符合性的程序是本过程的一部分。图 3-3 是验证过程的主要框架。

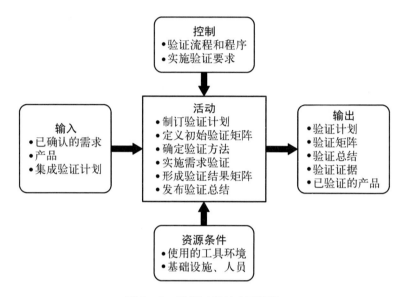

图 3-3　验证过程的主要框架

系统级的设计过程通常在系统设计描述文档（SDD）、系统接口文档（SID）等相关文档中进行描述。设计验证过程是要提供证据来证明设计满足系统需求文档（SRD）、SID 等相关需求文档定义的需求。

此外，针对系统或设备，供应商有责任说明他们的设计满足产品规范中的需求。

验证过程需建立一套完整的程序，如果发生需求和设计的不一致，验证程序将提供设计的更改或优化措施。

3.2.3　输入/输出

1）输入

在企业政策和已建立的项目要求的指导下，飞机、系统或设备参照集成验证计划以及基本的验证程序进行验证，并且将验证信息保存在验证矩阵中。

2）输出

验证总结是验证结果的文档，它记录了飞机、系统或设备是否满足需求的证据，以及建议的纠正行动项、设计反馈/已采取的纠正行动等。验证总结中通常包括了验证矩阵，同时对验证证据进行关联。

验证证据编写推荐采用符合性矩阵的形式。

3.2.4　参与者与责任方

实施验证的参与者主要包括：设计人员、V&V 专家、CoC 专家、安全性和可靠性专家、系统可靠性专家、人因工程专家、测试和集成团队、建模/仿真专家、系统集成测试专家等。

系统设计人员有责任说明设计是否满足需求。他们必须识别所有和需求文档相关的参与人员，并确保必要的设计验证活动在领域专家及相关学科专家的支持下和 V&V 计划的指导下进行［如性能分析、初步系统安全性评估、显示逻辑的定义、建模、仿真、数字样机（DMU）等］。

3.2.5　过程

飞机验证过程主要包括如表 3-6 所示的验证活动。

表 3-6　验证主要活动

验证活动	活动描述	输入	说明
验证准备	1. 确定可以证明设计满足需求的主要验证活动	需求文档、项目计划	单项活动可能对应单项需求，也有可能涵盖多项需求
	2. 需要时编写设计验证要求	需求文档、项目计划	根据所属产品架构，有必要编写正式的设计确认活动实施要求；如要求应力分析

（续表）

验 证 活 动	活 动 描 述	输　　　入	说　　　明
制订验证计划	确定验证责任人、具体活动、主要阶段（PDR、CDR 等）、验证方式、验证条件及里程碑节点等	需求文档、项目计划	与设计过程衔接，支撑计划和管理
定义初始验证矩阵	记录需求、验证责任人、验证方式、验证时间安排等信息	需求文档、验证计划	
实施需求验证	开展设计分析、建模仿真、试验、检查、评审等验证活动	需求文档、验证计划	说明设计及产品测试的结果如何满足需求
形成验证结果矩阵	捕获验证证据、记录验证状态及结果	需求文档、验证矩阵、验证证据	
编制验证总结	编制验证总结报告	需求文档、验证矩阵、验证证据	

具体的实施验证流程如图 3－4 所示。

1）制订验证计划

验证活动正式开始之前，首先应根据需验证的需求，制订验证目标及策略，根据每条需求选择相应的验证方法、活动的执行人，并明确验证的交付物、验证活动进度及所需的资源条件等内容，最终形成详细的验证计划。

所制订的验证计划应明确在项目研制过程中各个里程碑节点的验证目标。如果在某个里程碑未能实现相关的验证活动，即代表着尚未完成该里程碑相关的任务节点。

（1）验证计划内容

验证计划应贯穿于整个研制过程中，计划应表明需求如何能够得以满足。计划内容应包括：

a）指派验证执行人；

b）选择验证方法；

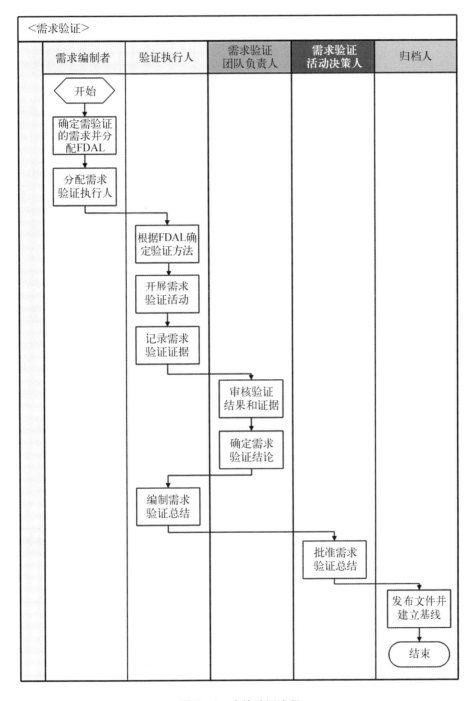

图 3-4　实施验证流程

c）记录对如何实施验证过程的描述；

d）初始验证矩阵；

e）将产生的验证资料（例如试验报告、分析报告等）。

（2）验证角色与职责

验证计划中应详细定义各种角色及其相应的职责，以确保所有相关专业参与验证活动：

a.每条需求均应指定验证活动的执行人。执行人对验证计划进行评估，包括对验证的方法合理性、验证活动的可行性、验证的资源条件等进行评估。最终的验证计划需请执行人会签。

b.验证计划还需明确验证的参与者与相关方，并确保在各个相关领域专家的支持下按照验证计划执行所指定的验证活动。在制订验证计划时需要得到专家的支持与评审。同时，应让试验测试团队、仿真和建模团队以及验证工作负责人参与验证计划的制订。

c.验证计划需明确验证文档审核者、验证文档批准者等角色。验证文档的审核者必须对验证的结果、验证证据进行审定和评估，并决定验证的结论。验证批准者负责对验证过程中产生的文档进行评审和批准，确保已经按照规定的流程对需求进行了验证。

图3-5给出了定义验证活动执行人的基本流程。

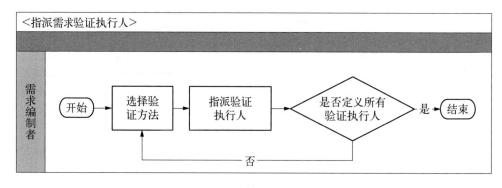

图3-5 指派验证执行人的基本流程

2）定义初始验证矩阵

为便于验证状态的管理，需根据验证计划制订初始验证矩阵。验证矩阵一般包括以下要素：

a. 需求编号；

b. 需求内容；

c. 需求来源

d. 下层需求；

e. 验证执行人；

f. 验证严苛度等级

g. 验证方法；

h. 说明。

初始验证矩阵的示例如表 3-7 所示，实际工作中可以依据需要进行选取。

表 3-7 初始验证矩阵示例

需求编号	需求内容	需求来源	下层需求	验证执行人	验证严苛度等级	验证方法	说明

3）确定验证方法

验证执行人负责给每条需求分配相应的验证方法。主要验证方法包括：分析、演示、试验、检查或评审、服役经验等（见表 3-8）。

4）实施需求验证

（1）确定验证严苛度等级及验证方法

根据 SAE ARP4754A 的要求，对于功能性需求的验证，必须先确认验证的严苛度等级。

功能性需求指在具体条件下为了获得系统预期性能所需的需求。这些需求由用户需求、运行约束、规章限制和实际实施组成。

表 3-8　验证方法表

验 证 方 法	方 法 描 述
分析	分析通常是用来代替试验，抑或是除试验之外额外增加的一种验证需求符合性的方法。一般采用的技术方法包括定性分析、电脑和硬件仿真以及计算机模型。分析方法使用的条件包括如下： (1) 需要严格和精确的数据； (2) 当现实无法满足试验条件或者采用试验性价比较低； (3) 相似机型的参考不适用
演示	对功能性能的一种定性的展示，通常是在少量或者没有测试仪器的条件下完成的，用来展示相关系统对某种操作的反应，或者对产品的一种实际使用过程
试验	试验通过运行系统或者项目以验证需求得以满足的方式，为正确性提供可复验的证据。这种方法通常需要利用特殊的试验设备或者测试仪器来获得精确的定量数据用以分析
检查或评审	检查或评审包括对过程文档、图纸、硬件或软件的检查，以验证需求已得到了满足，是对已实现产品的直观验证。检查或评审过程中恰当合理的理由或者逻辑需被归档
服役经验	该方法指通过比较已经取证的相似系统的需求来对需求进行验证。该验证方法的说服力随着前期研发系统的数量的增加而增加。只有在拥有足够的经验以后才能够使用该方法实施验证。在以下情况可以使用服役经验验证方法： (1) 两个系统/部件拥有相同的功能和失效状态等级，它们的运行环境相同，并且具有相似的用途； (2) 两个系统/部件在等效环境下执行相似的功能

　　功能研制保证等级（FDAL）是指为功能而实施的研制保证任务的严苛度等级。部件研制保证等级（IDAL）是指为部件而实施的研制保证任务的严苛度等级。功能研制保证等级和部件研制保证等级决定了功能性需求实施验证的严苛度等级。

　　功能性需求的实施验证方法取决于被验证需求的验证严苛度等级。表 3-9 给出了分配了相应的研制保证等级需求与应采用的验证方法之间的对应关系。

表 3-9 研制保证等级与验证方法对照表

验 证 方 法	研制保证等级 A 和 B	研制保证等级 C	研制保证等级 D	研制保证等级 E
ASA／SSA	R	R	A	N
验证计划	R	R	A	N
验证矩阵	R	R	A	N
验证总结	R	R	A	N
检查、评审、分析或试验	R（试验和一个或几个其他的方法）	R（一个或几个）	A	N
试验、非预期功能	R	A	A	N
服役经验	A	A	A	A

注：R—推荐，A—可协商，N—不要求。

对于非功能性需求，其验证活动没有严格的要求或规定。这是因为非功能性需求本身与系统功能无关，它仅是对具体功能性需求的约束。比如：复用性需求、设计约束、最大重量、材料选择、最大成本等。

但非功能性需求作为功能的约束，其验证方式的选择也非常重要。对于顶层的非功能性需求，其影响范围广，严苛度等级就应该定得高。针对这类需求，一般来说必须采用检查、评审、分析或相似性中任意一种，且同时需考虑试验作为验证方法；而对于其他非功能性需求，也酌情选择检查、分析或相似性中任意一种，同时必须采用专家评审作为验证方法。专家职级及人数按需选择，其他方法需与局方协商而定。

（2）捕获验证证据

捕获验证证据的过程包括采用已确定的验证方法验证每条需求是否得以正确地实现，验证证据需与验证方法对应，形式包括但不限于以下：

a. 评审——评审会议纪要；

b. 分析——分析报告；

c. 试验——试验报告；

d. 相似性——相似性分析报告。

验证证据既可作为需求的符合性证据，还可支持合格审定。一种合理的方法是在研制中始终根据验证矩阵来开展工作，并生成验证总结报告。如针对 DO‑178B/ED‑12B[6] 的验证既包含了对软件验证的需求，也可作为适航符合性的证据；针对 DO‑254/ED‑80[7] 的验证既包含了对电子硬件验证的需求，也可作为适航符合性的证据。

（3）确定验证结论

验证执行人必须对所有验证评估数据进行汇总，以保证所有需求及其相关意见均被完全捕获。此后，验证审核者对每条需求相关的评价进行评估，并决定该需求是否被验证的结论，并在验证矩阵填写验证结论。

如果某条需求未能被验证，验证执行人需要详细记录下需求无法验证的原因，并给出相应的完善建议。

5）形成需求验证结果矩阵

形成需求验证结果矩阵的主要活动是将捕获的需求验证证据和验证结论整理、记录成矩阵形式。验证结果矩阵的形式如表3‑10所示。

表3‑10　验证结果矩阵示例

需求编号	需求内容	需求来源	下层需求	研制保证等级	需求执行人	验证状态	验证方法	验证意见	验证结论	验证证据

6）发布验证总结

验证总结报告是验证活动的主要输出物，该报告应提供足够的置信度以表明需求已经被完全验证。验证报告应包含以下基本内容：

a. 引用验证计划相关内容，描述严重偏离验证计划的相关内容，其中包含对需求及验证方法的偏离情况说明及偏离评估；

b. 验证矩阵；

c. 产生的验证证据；

d. 实施验证的角色和职责；

e. 在实施验证的过程中涉及需求编制者、验证执行人、验证文档审核者、验证文档批准者等角色；

f. 飞机或系统设计人员（指需求编制者）承担编写需求文档的责任，负责指定与需求文档相关的所有参与者与相关方，并确保在各个相关领域专家的支持下按照验证计划执行所指定的验证活动。需求编制者负责完成如下工作：

a）负责指定实施验证的执行人；

b）负责提出发布验证计划和验证总结的请求；

c）根据验证活动结论更新完善需求；

d）需求编制人员负责指派验证执行人。验证执行人负责对需求进行验证、记录验证证据、编制验证总结并负责发起验证总结的文档签署。

g. 验证审核者必须对验证结果、验证证据进行审定和评估，并决定验证的结论；

h. 验证批准者负责对验证过程产生的文档进行评审和批准，确保已经按照规定的流程对需求进行了验证。

完成验证总结文档的编制后，应对验证总结进行签署，并提交总师系统进行评审和批准。

4　需求与概念论证阶段的确认与验证

需求与概念论证阶段的主要工作是识别商业机会，启动商用飞机项目，调研市场需求，遴选飞机初步技术方案。在确认与验证方面主要是根据项目特点制订需求确认与验证计划，完成研制目标与要求的确认与验证矩阵，制订需求确认与验证的策略（需求确认与验证管理计划）。对于飞机级需求和架构开展初步的定义与确认活动。

4.1　需求确认与验证计划制订

根据《民用飞机研制程序》（HB 8525－2017），民机研制全生命周期可分为需求与概念论证、初步设计、详细设计、试制与验证、批量生产等五个阶段。

需求与概念论证阶段确认相关的主要工作，应包括：

a. 完成型号项目需求确认整体规划，包括需求确认顶层要求制订、需求确认文档体系建立、需求确认通用流程及方法制订、需求确认工具选定；

b. 制订飞机研制需求与目标确认计划，并开展相关评审分析等确认活动，完成飞机研制需求与目标确认总结；

c. 初步制订飞机级需求确认计划。

需求与概念论证阶段验证相关的主要工作，应包括：

a. 完成型号项目实施验证整体规划，包括实施验证顶层要求制订、实施验证文档体系建立、实施验证通用流程及方法制订、实施验证工具选定；

b. 初步制订飞机级实施验证计划。

需求的确认与验证计划应贯穿于整个研制过程。在需求定义阶段，对每条需求的确认与验证工作进行规划，确定确认与验证方法、执行人等信息，完成确认与验证计划。

确认计划应概述：如何表明需求是完整和正确的；是如何对假设进行管理的。确认计划应包括以下内容：

a. 使用的方法；

b. 要收集和生成的数据；

c. 记录形式和内容（如总结、评审或调查研究）；

d. 适时获取需求确认信息的方法；

e. 当需求有变更时，如何维持及管理确认工作的状态；

f. 在确认工作中的角色和责任；

g. 关键确认工作的规划；

h. 在不同设计层次和不同研制阶段管理假设的方法；

i. 通过确认工作提供需求定义的独立性的方法。某些确认过程（可被视为验证活动的一部分）应与验证计划协调一致。

验证计划应包括如下内容：

a. 指派验证执行人；

b. 选择验证方法；

c. 记录实施验证过程的描述；

d. 定义初始验证矩阵；

e. 保存产生的验证资料（如试验报告、分析报告等）。

4.2 需求确认与验证矩阵定义

通过定义需求确认与验证矩阵可以明确：① 系统需求确认与验证的方法；② 确认与验证在系统生命周期内何时完成；③ 完成确认与验证的具体程序。

创建或更新需求确认与验证矩阵是一项持续的活动，一般早在对技术邀标文档（RFP）进行回复或首次发布测试和验证计划之时就已开始。需求确认与验证矩阵是一个包含需求验证信息的表单，示例如图4-1所示，各部分具体阐述如下。

需求标识	需求可追溯性	确认与验证方法					确认与验证阶段					程序编号
		分析	检查	演示	试验	评审	定义	设计	实施	集成	合格审定	
SL-1	A.1.1											
SL-2	A.1.2	×					×					DD-45
SL-3	A.1.3		×	×							×	XZS-0
SL-4	B.5					×	×					VT-00
SL-5	B.6											-
SL-6	K.22			×	×				×	×		VT-02
SL-7	K.23	×			×		×	×				VT-03
SL-8	Z.1.2				×						×	RN-33

图4-1　确认与验证矩阵示例

a. 需求标识。指每个需求的名称或标识号。

b. 需求可追溯性。提供对适当文档（即通常是客户文档）和特定要求的可追溯性。

c. 确认与验证方法。通常，有五种确认与验证方法（分析、检查、演示、试验和评审）。以下是每种方法的简短说明。

a）分析：对需求或系统描述、图表、降低的性能数据等进行技术评估。典型分析使用数学模型、模拟、测试算法、计算和图表等。

b）检查：通过对项目进行物理和感觉检查，并将项目的某些特征与参考标准进行比较，以确定是否符合要求。典型的检查技术有视觉、听觉、嗅觉、触觉检测，物理操作，机械或电气测量等。

c）演示：通过观察操作的定性结果或通过在特定条件下进行的展示来满足规

范要求。

d）试验：通过在规定的环境条件下应用已建立的试验程序来验证其所达到的规范或要求，以及通过对试验数据的分析进行后续合规性确认。

e）评审：对需求进行同行评审或专家审查，以保证需求的正确性与完整性；对产品验证结果进行同行评审或专家审查，证明交付的产品是符合所有采购规范、标准和其他要求的质量合格产品。

d. 确认与验证阶段。指示何时进行确认与验证。

e. 确认与验证程序。指完成确认与验证所需的特定程序。对验证而言，一般包括系统测试说明（SysTD）、首件验收计划（FAAP）、生产验收计划（PAP）等。

通常情况下，确认与验证矩阵是在项目开始时创建的，它为每个需求指定一个或多个确认与验证方法。在稍后的时间，再添加确认与验证阶段（或多个阶段），并且最终分配所需的确认与验证活动。确认与验证矩阵可根据项目的实际需要进行拆分。

4.3　需求确认与验证管理计划制订

这项活动的目标是为项目确认与验证（V&V）过程整体统筹与技术/管理问题相关的资源，并规避相关风险。该活动对象涵盖最终产品和使能产品[20]。

确认与验证管理计划包括所有 V&V 活动的定义，确定预算和其他所需资源，并安排整个 V&V 过程。规划者必须确定哪些开发产品应该被评估以及评估到什么程度。应安排 V&V 过程，以便平衡 V&V 工作，并在需要时提供 V&V 文档和试验品。优化后的 V&V 管理计划应提供 V&V 终止标准和时机。为此，必须决定在哪个生命周期阶段对给定的系统属性进行评估。创建或更新确认与验证管理计划是一项持续的活动，应该从项目伊始启动。

确认与验证管理计划最早是美国国防部（DoD）指令 5000.2 - R 中测试和评估管理计划（TEMP）的延伸。作为规划整个 V&V 过程的工具，TEMP 并不令人满意，因为它几乎完全集中在狭义的测试上，而且只集中在鉴定阶段（美国国防部术语中的测试和评估），并且很多是军事缩略语。[3]

确认与验证管理计划为用户提供了在系统开发阶段执行 V&V 活动的指导。它应包含以下关键要素：

a. 系统介绍。应描述如下内容：

a）项目适用文档；

b）任务说明；

c）系统说明；

d）关键技术参数。

b. 系统 V&V 过程。应描述以下内容：

a）综合 V&V 计划时间表；

b）V&V 项目管理；

c）V&V 策略；

d）V&V 活动规划；

e）V&V 限制。

c. V&V 资源。应描述如下内容：

a）试验物品；

b）试验场地和仪器；

c）试验支持设备；

d）试验消耗品；

e）模拟、模型和试验台；

f）人力/人员培训；

g）预算汇总。

图 4-2 显示了确认与验证管理计划生成过程。

在了解了项目特征和必须验证的关键参数后，规划者确定 V&V 策略，即在每个开发阶段要执行的活动集和每个 V&V 活动的性能水平。

应为要执行的每个 V&V 活动填写一份具体的"V&V 计划表"。此表格包含

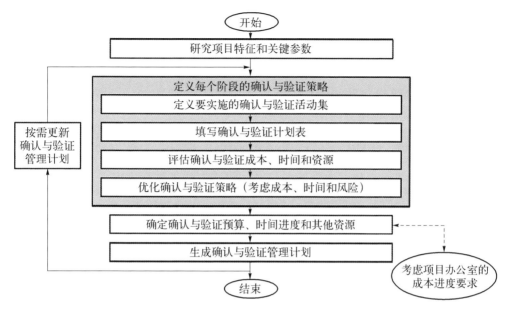

图 4 - 2　生成确认与验证管理计划的流程图

V&V 活动、所需预算、进度估算和其他所需资源（如基础设施和辅助设备）的说明。特殊 V&V 策略应考虑到项目特点，并将其转化为特定的 V&V 任务，这些任务必须由 V&V 组织团队和其他执行 V&V 活动的工程师执行，作为其常规活动的一部分。最后，V&V 规划人员创建最终的确认与验证管理计划，并根据需要进行更新。

　　所有这些 V&V 资源需求必须与项目经理或项目办公室协商和协调。通常情况下，分配给 V&V 规划人员的预算或进度低于最初要求，他或她必须为手头的项目优化 V&V 策略。这需要时间，而且通常只能在设计阶段实现。

4.4　系统工程管理计划评审

　　系统工程管理计划（SEMP）描述供应商或开发商为规划、控制和执行完全集成的工程项目而提出的规划[20]。SEMP 用于项目技术规划并策划完整的系统工程过程。应对以下几方面内容进行评审：

a. 格式和通用内容。SEMP 文档应以适合组织的方式和格式编制，并应包括一些通用内容。评审过程应包括：验证 SEMP 是否按照组织和其他相关利益攸关方可接受的定义方式构建；验证 SEMP 是否识别了特定程序或项目及其目的。此外，SEMP 应包含 SEMP 文档本身的简介和摘要；验证 SEMP 识别了特定程序或项目所需的所有适用和参考文档。

b. 工程管理。SEMP 应针对工程系统的定义、设计、实施、集成、鉴定、生产、使用/维护和处置制订适当的项目管理要求。评审过程应包括：验证 SEMP 确定了系统工程管理（包括分包商控制）的组织责任和权限；验证 SEMP 解释了工程专业领域采办项目工作的整合和协调，以实现技术/性能价值的最佳组合；验证 SEMP 识别了针对性能和设计要求以及所用方法建立的控制水平；验证 SEMP 确定了所有技术计划评审的计划和时间表；验证 SEMP 确定了工程产品和文档的技术程序保证和构型管理方法，以及批准和认证的适用机制。

c. 工程过程。SEMP 应提供拟用工程过程的详细说明，包括根据系统或项目的特点对过程进行的特定裁剪。评审过程应包括：验证 SEMP 识别了实施工程过程中使用的所有程序；验证 SEMP 识别了系统开发过程中使用的所有相关数学或模拟模型。

4.5　飞机安全计划评估

飞机安全计划评估的目的是确保所有系统、子系统及其接口有效运行，不会持续发生故障，也不会危及操作员、维护人员或附近其他人员的安全和健康。评估应考虑以下几方面。

a. 快速的技术变革。技术的变化速度快于为应对不良事件或事故而开发的工程技术。基于经验教训为防止事故而进行的设计可能对新技术无效。

b. 变化的事故性质。数字技术在许多工程领域创造了一场革命，但系统安全工程技术却没有跟上。

c. 全新的危害模式。对信息系统的依赖性日益增加，可能导致信息丢失或不正确，从而导致物理、科学或财务损失。

d. 烦冗的耦合集成。在当今的系统中，复杂度不断提高，特别是子系统之间，以及系统与环境之间的交互作用。系统之间可能存在无法完全理解、预期或防范的交互作用，从而导致许多新的失效模式。

e. 创新的人机交互。人类越来越多地通过不同程度的自动化来共享对系统的控制。这些变化正在导致新类型的人为错误和事故。

f. 增长的潜在危害。① 新科学和技术的发现导致新的环境危害。这些新技术会通过污染、基因破坏等方式影响后代，并伤害越来越多的人。② 广泛的安全认知变化导致新的潜在危害。在当今复杂的社会结构中，安全责任正在从个人转移到政府。个人要求政府通过法律和各种形式的监督和监管，承担起更大的责任来控制系统行为。

飞机安全计划评估是在开发过程中识别潜在危害并通过解决其根源问题来预防危害的方法。一般来说，必须消除危害或将其降低到可容忍的水平，前提是在成本、时间和资源投入方面代价与所取得的改进效果相称。这一原则称为"最低合理可行风控原则"（ALARP），构成了安全管理的基础（见图 4-3）。

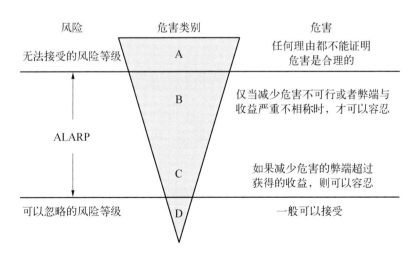

图 4-3 ALARP 三角形：危害类别模型示例[20]

与危害相关的风险是严重性和概率（或频率）的乘积，通常分为四个类别：A、B、C 和 D。表 4-1 显示了如何根据给定危害的发生概率和严重性定义危害的类别。请注意，D 类危害问题从未涉及灾难的或糟糕的风险事件，无论其概率如何。

表 4-1　危害类别定义[20]

概　率	危 害 严 重 性				
	灾难的	糟糕的	严重的	重大的	较小的
频繁的	A	A	A	A	B
可能的	A	A	A	B	C
偶尔的	A	A	B	C	C
稀少的	A	B	C	C	D
不可能的	B	C	C	D	D
极不可能的	C	C	D	D	D

对飞机安全计划的评估应包括以下检查。

a. 是否通过识别危害、引入危害控制措施以及确保在系统的整个生命周期内使用 ALARP 持续审查和处理潜在危害，从而提高安全水平；

b. 是否在参与项目的所有人员中建立并保持一种安全文化，从而确保安全成为每个人日常工作的一部分；

c. 是否在项目生命周期内建立安全审查机制，并尽一切努力实现尽可能高的安全水平；

d. 是否建立了一种机制，允许不良事件、事故、未遂事故或"等待发生的事故"得到报告并采取行动；

e. 是否制订了识别和记录危害以及采取缓解措施的程序；

f. 是否建立了"自上而下"和"自下而上"危害分析的流程，以确定事故如何发生以及如何避免；

g. 是否为所有安全相关决策提供审计跟踪。

4.6　技术邀标文档评估

评估技术邀标文档或类似客户文档的完整性和一致性的目的是验证应标单位是否能够满足所有招标文档要求。此外，还必须验证邀标文档内部的一致性，以及邀标文档与现有的法律、法规、社会价值观和标准间的一致性，避免负面影响并完全遵守组织的法规和道德规范。

邀标文档是对系统或子系统生产商的邀请，通常通过招标过程，就特定系统或服务提交建议书。类似地，可以先发起一个不太正式的系统开发请求。通过对这些文档的评估可以使采购决策有条理，并使潜在项目的风险和效益得以识别。以下是邀标文档的实际评估结构。

a. 背景和目标。评估邀标文档是否提供了关于发布邀标文档的客户或实体的足够信息和背景。此外，评估邀标文档是否列出了所征集的特定合同工作的目标。一般来说，邀标文档应包括足够的信息，以便投标人适当地评估客户的需求，并编写一份足够详细的建议书，以评估拟议系统的适用性。

b. 请求的服务。评估邀标文档中最重要的部分，即所需服务的概述，具体检查内部不一致或某些要求在描述对供应商的期望时是否含糊不清。显然，邀标文档越具体，就越有可能做出相关和彻底的回应。要求开发和生产系统的邀标文档必须非常详细地说明具体的系统性能要求、V&V 的预期水平、所需的时间表和所需的生产规模。

c. 所需文档。评估邀标文档要求的特定文档，作为项目执行的一部分。同时验证管理层是否意识到、准备好并能够提供所需级别的文档。另外，验证如果项目实施，组织的知识产权将得到保护。例如，确保参与提案过程的每个人都签署了一份包含需要保护的专有信息的确认协议。

d. 时间估算和费用。评估招标文档的预期时间表和付款时间表。邀标文档应向投标人提供足够的信息，以决定他们是否能够切实满足邀标文档中概述的需求。在征求建议书中加入费用表，可以确定项目是否能够以合理的成本完成，或者项目的成本是否会超过收益。

e. 投标人资格。邀标文档要求提供文档，以证明投标人有资格执行所需任务。一般来说，公司资质应证明有能力满足邀标文档中概述的管理和技术要求。评估这些要求，以确保不会泄露机密或特权信息，这些信息的泄露可能会在法律上、财务上或竞争上造成对公司的损害。

f. 提交信息。几乎所有的邀标文档都包括提交建议书的截止日期，评估公司在规定时间内编制完整的邀标文档响应包的能力。提交不完整的提案或未能在提案截止日期前完成，表明公司可能无法按时交付系统。

4.7 飞机商业需求与目标确认

4.7.1 飞机商业需求与目标的定位

商业需求与目标（BRO）是包含飞机项目需求与飞机产品需求的最高等级型号文档。它将外部用户需求转换为飞机主制造商使用的最高等级内部文档。

具体来说，它规定了飞机项目为满足市场需求，达成既定项目的目标所需具备的基本能力或者必要特性，同时包含了对飞机产品能力或特性的详细要求。

汉斯-亨利奇·阿尔特菲尔德（Hans-Henrich Altfeld）在《商用飞机项目：复杂高端产品的研发管理》中提道："研制方通常认为，花费时间和精力编制一个健全的飞机顶层技术规范是不值得的。但这种心态只会把解决有争议的问题推迟到很久以后，如果不下力气编制一个良好的飞机顶层技术规范，很可能对项目的研制周期和成本带来严重影响。"由此可见，飞机商业需求与目标在项目研制中是何等重要。

通常来说，飞机 BRO 应当包括如下部分的重要内容。

a. 使命与愿景。根据整体规划和政策导向确定项目定位和发展策略，明确项目发展目标，给出项目的使命和愿景，用于指导项目各项需求的制订。

b. 项目需求与目标。围绕飞机项目的发展总目标，明确保障项目顺利发展的总需求，包括周期、成本、风险、成果等方面，同时应明确各项需求的优先顺序。具体需求包含但不限于以下内容：

a）国家或行业顶层规划需求；

b）公司条件保障需求；

c）项目周期需求；

d）项目研制成本及单机成本需求；

e）项目风险管控需求；

f）项目成果管理需求。

c. 产品需求与目标。它包括产品总体需求与目标、一般需求与目标，具体需求包含但不限于以下内容：

a）产品定位；

b）产品序列化发展；

c）对标机型；

d）产品亮点；

e）进入市场时间；

f）适航取证；

g）生产能力；

h）商载航程；

i）飞机性能；

j）环保性；

k）经济性；

l）共通性；

m）可靠性与维修性；

n）使用寿命；

o）航线运营；

p）地面服务；

q）客舱、货舱、驾驶舱；

r）发动机；

s）机载系统。

d. 服务需求与目标。围绕飞机项目的发展总目标，明确服务在项目中的作用与地位，以及服务体系的构建总思路。具体需求包含但不限于以下内容：

a）服务网络；

b）服务目标；

c）服务价格；

d）响应时间；

e）服务水平；

f）担保和保证。

e. 产业需求与目标。围绕飞机项目的发展总目标，明确飞机项目对产业发展的总需求，在带动产业链发展、保证产业安全、促进产品销售等方面应明确优先顺序。具体需求包含但不限于以下内容：

a）产业布局总需求；

b）产业安全需求；

c）产业延伸与产品销售协同需求。

4.7.2 飞机商业需求与目标责任主体

飞机 BRO 作为飞机主制造商使用的最高等级内部型号文档，表达了主制造商承诺向客户交付的内容，它帮助研制团队获得客户对于产品的一致看法。它不仅是产品特性的需求清单，也是它应该提供给用户的利益清单。它不仅确定产品特性，还间接承诺兑现客户利益。

因此，BRO 的责任主体不仅要包括负责飞机顶层需求开发的工程人员，还应包括制造、客户支持、销售和市场等工程技术人员，以及负责项目管理、质量管理、风险管理与适航管理等方面的技术管理人员，甚至还应邀请航空公司、维护维修组织、航空产业政策、法律等方面的人员。

以国际民机主制造商的项目研发为例。B 公司在项目论证伊始，就邀请客户的现场代表与设计人员并肩工作，以确保新飞机满足客户的需求。A 公司的项目在前期论证时，其所有潜在客户和 50 个左右潜在主要机场相关人员均受邀参与早期工作。A 公司在 21 世纪初提出了新的研发理念，那就是飞机的研发目标是"满足用户期望的成熟系统"，而不仅仅是"100% 任务可用系统"。

4.7.3　飞机商业需求与目标确认目的

BRO 在飞机项目研制过程中至关重要，因此其确认工作也就显得意义重大。

BRO 的确认目的是通过建立需求分析模型，开展利益攸关方需求分析，以充分理解客户及其他相关方需求，并将需求转化为 BRO，同时将利益攸关方需求与产品的技术需求关联起来，最终完成成功的设计和令客户满意的产品。

4.7.4　飞机商业需求与目标确认方法

在建立 BRO 需求分析模型前，针对需求满意度，首先应确定产品品质类别。产品品质类别一般分为以下五类。

1）预期品质 ［"必须"（must be）类别］

预期品质涵盖了客户需求的"必须"类别，通常是指客户无须表达出来的需求。此类需求对客户来讲是基本的需求，即使达到需求的阈值，也不会提高客户的满意度。但如果缺失此类需求，客户则会非常不满意。例如餐厅中的餐具，如果餐具干净卫生，顾客并不会表示满意，因为这是应该做到的事。但如果餐具不干净，顾客会注意到它并感到不满意，也许会导致顾客不再去该餐厅就餐。图 4-4 为预期品质的图形表示。

用于确定飞机"必须"类别的需求的数据源包括：

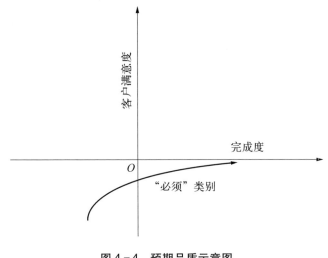

图 4-4 预期品质示意图

a. 航空公司、旅客等方面的客户调查、访谈、观察报告，细分市场客户群需求信息等；

b. 维修企业对于产品维护、维修、大修等方面的维修数据，也包括产品缺陷数据等。

BRO 的编制及确认人员应跟踪能够充分满足航空公司、旅客等利益攸关方基本需求的产品特征，以确保这些需求得到满足，此后就无须再花额外的时间和资源来优化产品特征。

2) 性能品质 ["满足"（satisfied）类别]

性能品质涵盖了客户需求的"满足"类别，通常是指需要向客户陈述的需求。此类需求数量越多，客户满意度越高，也越愿意为此类产品特征付费。该类产品特征可以归类为"线性满足"，即满意度与性能特征成正比（产品性能特征越好，则满意度越高；产品性能越差，则满意度越低）。图 4-5 为性能品质的图形表示。应达到最佳开发水平的比较典型的性能特征包括：风噪声、发动机噪声、振动、油耗、跑道长度、航程、速度、有效载荷等。

用于确定"满足"类别的需求和产品定位的数据源包括：

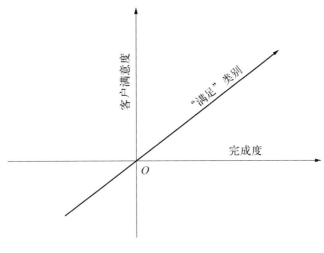

图 4-5　性能品质示意图

a. 飞机产品的关键性能特征；

b. 飞机产品属性目标、领域和竞争管理数据；

c. 航空公司、旅客等方面的客户访谈、观察报告，细分市场客户群需求信息等。

产品开发团队应确定与每种需求相关的产品定位，这将决定客户愿意为该类产品特征支付多少费用。

3）激励品质［"愉悦"（delighted）类别］

激励品质涵盖了客户需求的"愉悦"类别，通常是指未声明的需求，也是客户无法描述的需求。如果有此类需求，客户会高兴；没有此需求，也不会造成不满。图 4-6 为激励品质的图形表示。

确定激励品质的首选方法是观察客户在操作环境中使用产品的情况，同时应了解该类产品的技术达到何种水平以及发展状况，并研究如何将其用于以前未阐明的需求。典型的"愉悦"类需求包括：飞机上的个人电脑电源插座、飞机驾驶舱中的红外视景增强系统、汽车无钥匙远程进入、手机中的收音机等。

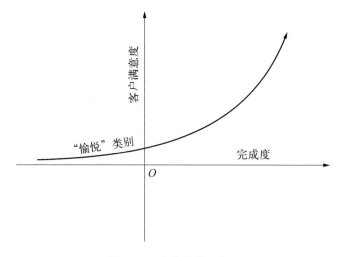

图4-6 激励品质示意图

用于确定"愉悦"类别需求的数据源包括：

a. 战略性技术研发；

b. 航空公司、旅客等方面的客户调查、访谈等报告（客户调查数据只能展示以前激励品质的客户需求，但不能预测未来将提供的激励品质客户需求）；

c. 公司飞机产品序列化发展计划（属于项目任务的一部分，该发展计划有助于产品开发团队决定采用哪种最新技术）。

4)"不重要的"类别

此类别是指客户对其中的产品特征或服务是否存在不感兴趣。

5)"反面"类别

此类别是指其中的产品特征或服务如果存在，会引起客户不满意。

上述五项类别中，前三项是产品品质的积极方面，不同程度都会影响客户需求的满意度，可以分别通过建模进行客户需求分析。

针对客户需求，确定产品品质类别示例如表4-2所示。

将上述预期品质、性能品质、激励品质等三种分析模型合并，形成完整的客户需求分析模型，如图4-7所示。

表 4-2　确定品质类别示例

客户需求	类　　别
每客英里成本低 乘客舒适性 航程 有效载荷 安全性 燃油经济性 派遣可靠性 低可见度着陆能力 ……	**预期品质（must be）** 防滑制动装置 故障保护起落架 液压系统冗余 损伤容限结构 …… **性能品质（satisfied）** 大推力 最大燃油容量 最大起飞重量 低油耗 平视引导系统 …… **激励品质（delighted）** 红外视景增强系统 ……

针对客户需求，确定品质类别

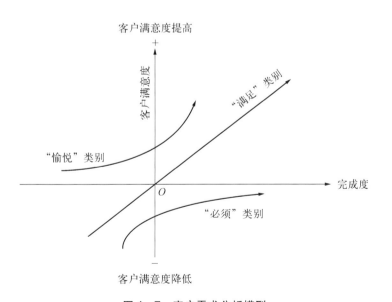

图 4-7　客户需求分析模型

4.8 飞机研制需求与目标确认

4.8.1 飞机研制需求与目标的定位

飞机研制需求与目标（ADRO）是规定飞机顶层研制目标与设计需求的文档。它承接 BRO 并对其进行工程化的分解和描述，作为飞机总体技术方案和飞机级需求开发的输入，涵盖了工程设计、生产制造、客户服务、试飞、企业管理等各维度的顶层需求。

通常来说，ADRO 应当包括如下重要内容。

1）工程需求

a. 总体设计需求：包括飞机设计理念、系列化、适航等通用需求，总体布局型式和特征等总体布局需求，速度、航程、高度、场域特性、爬升特性、油耗特性、推力等级等性能需求，特征重量、商载能力等重量需求。

b. 舱室设计需求：包括驾驶舱、客舱、货舱设计需求。

c. 环境需求：包括温度包线、风速限制、冰/霜/雨/雪/雹等自然气象、闪电等大气电磁环境、冲击/振动/加速度等力学环境、飞机/设备对环境的耐受等级等运行环境需求，外部/停机坪噪声等外部噪声需求，污染物/二氧化碳排放等排放需求。

d. 运行需求：包括典型航线及其适应能力、延程运行能力、所需导航性能运行能力、缩小最小垂直间隔运行能力、极地运行能力及其他新航行技术支持的运行能力等。

e. 特性需求：包括安全性、可靠性、维修性、测试性和产品保障能力需求等。

f. 结构强度需求：包括结构设计、振动等方面的需求。

g. 系统设计需求：包括系统设计通用需求，动力装置、航电、飞控、环控、电气、内饰、起落架与液压等子系统设计需求。

2）生产制造需求

a. 生产速率、批产能力；

b. 模块化装配制造；

c. 大部段运输；

d. 制造过程控制、安全与环保要求；

e. 先进工艺、制造技术应用（如增材制造等）。

3）试验试飞需求

a. 试飞测试与改装；

b. 试飞机和试飞频率；

c. 试验试飞保障及安全要求。

4）客户服务需求

a. 客户培训（如转机型训练等）；

b. 飞行运行支持和服务保障（如飞行技术咨询、飞行数据监控及分析服务等）；

c. 工程维修技术支持（如地面服务设备清单等）；

d. 客户服务响应要求（如客户服务及时响应率、工程技术支持服务的响应时间等）。

5）项目管理需求

a. 进度管理要求；

b. 人力管理要求；

c. 财务管理要求；

d. 采供与供应链管理要求；

e. 质量安全管理要求。

4.8.2 飞机研制需求与目标责任主体

ADRO 主要承接 BRO 所定义的需求。按照需求管理层层传递、层层分解的原则，ADRO 应满足 BRO。ADRO 作为飞机级顶层技术需求文档，涉及工程、制造、试验试飞、项目管理等多个领域，其责任主体不仅要包括负责飞机顶层需求开发的工程人员，还应包括制造、客户支持、项目管理、适航管理等方面的技术管理人员。

4.8.3 飞机研制需求与目标确认目的

ADRO 在飞机项目研制过程中至关重要，因此其确认工作也就显得意义重大。

ADRO 确认目的是确保飞机的设计目标与飞机产品技术需求充分正确和完整，以便在项目约束条件下（如经费和进度）可以实现相应的安全性，满足上层级（BRO）的需求，最终满足客户及其他利益攸关方需求。

4.8.4 飞机研制需求与目标确认方法

ADRO 的确认方法与 BRO 的确认方法有些不同。BRO 的确认主要是满足并实现客户的期望。而 ADRO 作为 BRO 的下层级需求，在 BRO 已经执行了充分的确认工作的前提下，其首要工作应是对 BRO 追溯，其次才是对 ADRO 所处运行环境的分析、模拟、检查与评审等。

ADRO 的分析方法在 SAE ARP4754A 中已进行了充分的说明。本节主要对 ADRO 与 BRO 的追溯及符合性分析方法进行说明。

ADRO 和 BRO 的符合性分析可通过建立如表 4-3 所示的符合性对比表进行，建议包含以下要素的内容："BRO 需求编号""ADRO 需求编号"两列应采用需求管理平台（如 DOORS）相应模块中的编号，"BRO 需求内容""ADRO 需求内容"两列应与需求管理平台相应模块中的内容，以及正式发布的文档内容保持一致，"符合性结论"一列填写两者的对比结论，"说明"一列则按需填写。

表 4-3　ADRO 和 BRO 符合性对比表示例

BRO		ADRO		符合性结论	说明
BRO 需求编号	BRO 需求内容	ADRO 需求编号	ADRO 需求内容		

ADRO 作为 BRO 的下层级需求，应对 BRO 中的每一条需求进行承接并分解传递，一条 BRO 需求可对应一条或一条以上的 ADRO 需求。

ADRO 和 BRO 符合性对比表中"符合性结论"一列，有以下三种选项，只能选择其一作为对对应条目的回复：符合、部分符合、不符合。

每一种选项的含义如下：

a."符合"，指 ADRO 完全满足 BRO 所提的需求，对 BRO 的承接和分解正确、合理，此选项也适用于 ADRO 优于 BRO 的情况。

b."部分符合"，指 ADRO 满足 BRO 所提的部分需求，但其余部分不满足，未对 BRO 完整承接和分解。

c."不符合"，指 ADRO 不满足 BRO 所提的需求，或未对 BRO 正确、合理地承接和分解，两者存在差异。

BRO 中被 ADRO 完全符合的需求条数占 BRO 需求总条数的比例，定义为 ADRO 和 BRO 的符合率。

针对 ADRO 和 BRO 部分符合或不符合的需求，应至少开展研制能力分析、实现代价权衡和市场影响评估。

开展研制能力分析，应阐述相关技术的成熟度等级、积累的技术储备、可用的财务/进度/人力资源以及供应商可提供产品的性能等，综合当前研制水平以及预期的发展能力，判断需求实现的可行性。如复合材料用量指标，可以表征当代飞机机体结构的先进性，但与主制造商的复合材料设计经验、工艺水平、制造能力密切相关，且受制于材料供应商，该指标的确定应全面考虑多方的限制。

开展实现代价权衡，应阐述实现 BRO 需求所可能产生的诸如重量变化、成本增加、复杂度提升或进度延后等影响。如发动机耗油率（SFC）指标，客户青睐较小的 SFC 水平，以降低燃油成本支出，但为实现该指标要求，需要新研发动机或在当前货架产品基础上优化改进，这将提升发动机本体的研发成本，进而提升发动机以及飞机的售价。因此，严苛的设计需求受客户的青睐，但可能导致研制成本的增加，间接提升了客户的使用成本。ADRO 的定义应综合评估各方影响，实现收益和代价的最佳结合。

开展市场影响评估，应基于市场评估模型，阐述不符合需求对市场预期占有率、飞机盈利能力或客户满意度的具体影响。

综合以上评估，应提出可行的措施建议：调整 BRO 或加强研制保证以满足 BRO，并提交决策。

4.9 飞机架构定义与确认

4.9.1 目的

飞机架构是对飞机各层级部件（结构/系统）的组成、交互以及运行状态的一种抽象定义、描述与表达，一般主要包括飞机物理组成、主要特征、运行逻辑和关键接口。飞机架构分为飞机功能架构与飞机物理架构。飞机架构应形成相应的飞机架构描述文档（AAD）。

架构定义是指在一定的环境约束或运行限制下，以利益攸关方和目标驱动的系统关注（期望的功能、性能、接口等）作为输入而开展的飞机设计实现活动。该过程具体包括但不限于确定飞机或系统候选架构、评估与评价候选架构、确定最终架构及架构验证等过程。

飞机架构主要包括：飞机结构或系统的关键组成、关键特征、关键逻辑、关键接口。具体阐述如下。

a. 关键组成：指为满足飞机级功能和需求定义的飞机结构或系统的组成，如为承接空调系统所负责的飞机级功能和需求，要求空调系统包括制冷温控系统、压调系统、辅助冷却系统、通风系统四个子系统。

b. 关键特征：指需从飞机层级定义的、影响飞机结构或系统的典型技术特征，包括关键模式、关键功能、关键性能参数等，如电源系统变频/恒频、液压系统 3 000 psi[①]/5 000 psi、电防冰/热气防冰、电冲压空气涡轮/电液混合冲压空气涡轮等体制。

---

① psi 为压强单位，1 psi = 6 894.76 Pa。

c. 关键逻辑：指为实现整机最优及安全、高效运行定义的飞机结构或系统间的工作逻辑，如地面减速时各系统间的逻辑关系、燃油系统的燃油消耗顺序等。

d. 关键接口：指定义的各系统间的物质、能量、信号等的交互方式及结果，最终形成接口数据或接口控制文档。

4.9.2 意义

飞机架构定义与确认是飞机结构及系统设计实现中的最重要活动，也是飞机结构及系统实施过程的第一步工作，其最主要的意义是：

a. 确保在所有可行方案的权衡中，选定最合适的飞机架构以保证最终集成；

b. 对于相应的飞机产品需求，获得选定架构的充分验证与相关方确认；

c. 产生一组与系统、子系统相关的最小但又足够的需求〔如顶层系统需求文档（TLSRD）〕；

d. 其输出或交付物是设计方案的首要决策依据，并为后续设计方案（如飞机或系统初步设计方案、详细设计方案）提供主要设计依据。

4.9.3 原则

参照 SAE ARP4754A，架构定义与确认的一般原则如下：

a. 需要考虑多个候选架构用于实现设计。备选的飞机与系统架构可以通过多个因素来评估，比如技术成熟度、设计实现进度、生产能力、合同义务、经济性、以往经验及行业领先状况。

b. 对于备选的架构，要迭代开展功能和性能分析，以及 PASA/PSSA 等安全性分析与评估，以确定架构满足功能和安全性方面的可行性。

c. 来自架构、系统、系统设备接口或实现层面的衍生需求会随着系统架构的设计过程逐渐明确，需要评估这些衍生需求对高层级需求的影响。

d. 架构研制活动的输出应包括架构的定义，以及与当前架构匹配的功能和安全性需求分配〔与架构相关的需求包括系统设备项之间的接口、系统限制

（物理、环境等）和系统设备项集成规范等］。

e. 架构设计过程还应迭代进行共因分析（CCA）。CCA 确立系统间、设备项间的功能和物理上的分离、隔离和独立性需求，并验证这些需求被满足了。

4.9.4　准备活动

在启动正式的架构定义与确认过程之前，应重视如下准备活动（参考《INCOSE 系统工程手册》的 4.4 节及 ISO/IEC/IEEE 15288 - 2015 的 6.4.4 节架构定义过程）：

a. 识别与飞机架构相关的利益攸关方的关注点：通常，利益攸关方关注的焦点是跨越一个或多个系统生命周期阶段的期望或约束。这些关注点通常与生命周期阶段内飞机的关键特征相关；收集市场、行业、组织、业务、运营、任务、法律、旅客、航司、空管、地勤、保障、适航局和其他利益攸关方信息，将有助于理解指导架构视图和模型开发视图。这些信息旨在帮助建立对飞机产品的开发与运营环境的理解，以便更好地了解利益攸关方的关注点。

b. 分析飞机产品技术需求并识别架构约束的非功能需求：重点考虑运行条件（例如，安全性、可靠性、人为因素、接口特性、环境条件）的处理，以及可能会强烈影响飞机架构方案中的重要元素定义的生命周期约束（例如，维护、退役、部署）的需求。

c. 制订架构定义路线图、方法和策略：重点包括建立架构的路线图、方法、策略、评估准则、建模技术、工具。方法还应包括过程需求（例如，度量方式和方法）、评价（例如，审查和标准）和必要的协调等。

d. 确定并规划必要的使能系统或所需的服务以支持架构定义过程。

4.9.5　过程

1）确定候选飞机架构

本过程主要根据已确认的飞机级需求，结合飞机研制需求与目标定义的技术要求，综合考虑飞机机体结构新材料、新技术、新工艺的研发与供应情况，机载系统产品研发与供应情况，以安全性、可靠性、可操作性、设计成熟度为约束目标，定义可供候选的飞机架构。候选的飞机架构，通常应包含多个具备充分可行性的候选架构。

本过程的责任主体为飞机架构设计师、系统集成工程师。

主要过程活动包括如下。

a. 获取飞机机体结构新材料、新技术、新工艺及机载系统产品研发与供应情况。

b. 确定飞机初步的结构部段、机载系统及可选产品。

c. 定义候选飞机架构并描述内部和外部接口：确定候选架构四要素（关键组成、关键特征、关键逻辑、关键接口），确定候选架构的模型和视图。

d. 定义候选飞机架构权衡要求。

e. 候选飞机架构权衡评估：主要指候选架构关键特征评估，包括对选定的架构进行关键技术性能指标（如经济性指标、能耗指标等）、运行模式的可行性/风险/绩效收益等方面的评估。

主要输入与输出包括如下。

a. 输入：飞机级需求，如功能性需求与非功能性需求；飞机研制需求与目标；项目新材料、新技术、新工艺论证报告等。

b. 输出：候选飞机架构定义报告。

2）飞机架构多学科评估与评价

本过程主要根据飞机候选架构权衡技术要求所定义的范围（指标）和不同指标具体的颗粒度和权重要求，考虑安全性、可靠性、可操作性和设计成熟度目标，针对潜在的飞机架构进行多学科评估。

架构评估与评价需要重点考虑以下几方面：初步飞机安全性评估（PASA）、功能危害性评估（FHA）、故障树分析（FTA）、特定风险分析（PRA）、飞机运行能力和设计成熟度分析等。

本过程的责任主体为飞机架构设计师、多学科专家、安全性设计师。

主要过程活动包括如下。

a. 定义飞机架构多学科权衡技术要求：确定权衡的范围（指标）和不同指标具体的颗粒度和权重要求。

b. 候选架构 PRA 研究：从飞机整机的角度，对影响整机或者一个或者多个区域的飞机机体，以及影响一个或多个飞机系统及其安装的特定物理危害［包含飞机内部或外部的伤害，如非包容发动机转子故障（UERF），轮胎爆破（WTF）等］进行评估。

注：PRA 影响飞机候选架构（包括系统、结构以及安装）。早期与 PRA 相关的权衡是为了验证这些候选架构是否符合安全目标，这些 PRA 是飞机级权衡的一部分，为解决特定的 PRA 风险必须执行整机层级 PRA 分析研究。

c. 候选架构飞机级功能危害性评估：基于飞机候选架构初步 FHA，考虑飞机候选架构对操纵品质、飞机性能的影响，完成功能分解、失效场景和相关飞机失效条件定义等工作。所有飞机失效条件随后将分配给相关部件，通过最终确定的 FHA 证明所有部件满足所有的安全性需求。

d. 初步飞机安全性评估（PASA）：初步飞机安全性评估主要针对已定义的安全性需求，在飞机权衡阶段评估飞机候选的架构。一旦候选架构被初步认为可用，候选架构的安全性评估就应立即开始，安全性评估将随着权衡分析报告的提交进一步完善。初步飞机安全性评估基于飞机定性的或定量的初步设计数据，并进行以下检查。

a）飞机功能之间、支持飞机架构的部件之间的独立性；

b）研制保证等级分配；

c）必要的非正常运行程序和适当的机组行为，包括可能影响安全的人为错误；

d）考虑运行环境及支持飞机运行的外部系统接口的设计鲁棒性；

e）接口需求，包括结构方面的载荷减缓、诱导载荷；

f）通过评估从飞机候选结构中得出的失效条件来满足飞机安全性目标的能力。

e. 候选架构运行能力和设计成熟度评估：由相应专家参与评估候选架构的运

行能力和设计成熟度性能目标，比如可靠性、飞机可用性、可维护性、维护成本等。目标是针对每个候选解决方案对飞机可运行性的潜在正面和负面影响，确定风险和机会及其对运行能力的影响，并在必要时进行额外的分析提出降低风险的建议、解决方案或计划。

f. 候选架构安全性分析。

g. 候选架构产品安全风险评估：由飞机产品安全与风险工程师评估候选架构的产品安全风险，提出解决方案及相应计划（评估和处理产品安全风险），以确保任何与安全相关的影响是设计出来或显示为可接受的，最终实现安全目标。

主要输入与输出包括如下。

a. 输入：飞机架构权衡技术要求、确认的飞机级需求（如 FRD 和 NFRD）、飞机研制需求与目标、飞机概念设计方案、初步功能危害性评估、初步飞机安全性评估、特定风险分析（PRA）、可制造性要求、环境条件、成本要求等。

b. 输出：飞机候选架构关键特征评估报告、飞机候选架构功能危害性评估报告、候选架构运行能力和设计成熟度评估报告、飞机候选架构特定风险分析研究报告、候选架构产品安全风险评估报告。

3）定义、集成、选择和验证飞机架构

本过程基于候选的飞机架构和飞机权衡要求，依据架构权衡分析的结果（必要时考虑飞机设计变更的要求），最终定义、集成、选择最佳的飞机架构。

本过程主要的责任主体为飞机架构设计师、系统集成工程师。

主要过程活动包括如下。

a. 权衡分析和多学科分析的综合：综合考虑权衡分析与多学科分析（即产品安全、安全性、可操作性和设计成熟度等专业）在不同的飞机首选技术方案中的结果，通过公平、一致地比较数据（包括结合不同技术选择的所有重要方面，特别是对以往活动中专家评估的数据），得出权衡与多学科分析的综合性结论，并在设计评审决策门中提交。

b. 集成并选择一个飞机架构并正式化：根据飞机研制里程碑节点，在飞机多学科专家的支持下，由系统集成工程师完成飞机架构的集成和选择。最终正式的飞机构架必须记录在飞机架构定义等文档中。

c. 关闭权衡分析活动：当飞机架构被选择并正式化后，这时需要关闭权衡分析活动，完成飞机架构权衡分析与多学科分析文档的归档。

d. 获取完整的架构描述：飞机级集成和选择后的飞机架构，需由总体与系统集成团队根据权衡文档中提供的相关权衡理由对飞机架构进一步定义，提交架构设计的设计数据集（DBD）、飞机架构描述文档或架构模型，同时提交工程基线描述以及证明架构选择的权衡分析文档。

e. 验证飞机架构：随着架构被正式认可，进入构型基线之后，必须对设计的架构进行验证，确保集成和选定的架构符合飞机的要求。这是设计验证的目标，即根据已验证的飞机需求，在飞机级验证选定的飞机架构设计。前阶段提及的权衡和分析活动（如安全、安全性、可操作性、设计成熟度等），在验证阶段也可以被重用。

主要输入与输出包括如下。

a. 输入：确认的飞机级需求（如 FRD 和 NFRD）、飞机研制需求与目标、飞机概念设计方案、候选的飞机架构、候选的气动外形、飞机 V&V 计划、适航审定计划、飞机候选架构权衡研究报告、飞机候选架构关键特征评估报告、飞机候选架构功能危害性评估报告、候选架构运行能力和设计成熟度评估报告、飞机候选架构特定风险分析研究报告、候选架构产品安全风险评估报告等。

b. 输出：飞机设计验证状态、飞机权衡研究状态及文档清单、已验证的飞机架构。已验证的飞机架构（及交付物）主要包括：飞机架构描述文档、整机架构模型（基础数据模型、主几何模型）、飞机产品分解结构中的第一层结构（部件层级）列表、其他工程基线数据等。

144

4）确认飞机架构

本过程是在完成飞机架构权衡、综合、集成、选择和验证之后，项目或型号总工程师及设计团队对经验证的飞机架构的最终认可，形成冻结状态的飞机架构，确保在架构设计验证期间执行的产品技术基线（产品需求基线和设计定义基线）和技术一致性是有效的，所有描述已验证飞机架构的相关数据均受控于构型管理。

本过程主要的责任主体为项目/型号总工程师。

主要输入与输出包括如下。

a. 输入：已验证的飞机架构，飞机权衡研究状态及文档清单。

b. 输出：最终确认的飞机架构。该输出以飞机产品静态图形及结构化的分解视图，详细地进行飞机的设计定义和飞机部段、系统等部件级的描述，并呈现表明统一和确认的架构的最终结果。经过确认的飞机架构包括：飞机架构描述文档、整机架构模型（基础数据模型、主几何模型）、飞机产品分解结构中的第一层结构（部件层级）列表、其他工程基线数据（特别是设计基线变更的请求及状态）等。

5）定义和确认飞机需求对架构的分配

本过程的目标是根据已经确认的飞机架构或飞机需求变更请求，将需求分配给飞机部段及系统部件（如与系统工作包级相应的子系统）。

本过程主要的责任主体为飞机架构设计师、系统集成工程师。

本过程主要活动包括如下。

a. 识别所需分配的需求类型：分配的需求一般应包括所有类型的需求，比如适航规章、运行能力、选项和替换、成本、环境、功能和操作、技术性能和物理属性、物理安装、互换性、接口、可制造性、衍生的、成长性、重用性、安全、安全性、标准化、项目与过程方面的需求。

b. 基于飞机已经确认的需求、产品（约束部段/系统设计）和部件需求（例如接口）对所有部段/系统建立需求集，该需求集须确保满足三项要求：

a）需求描述质量（需求描述的正确性）需满足独立性、可行性、清晰性、完整性、可测量的标准；

b）飞机需求集质量需通过将需求集作为整体的一致性检查，以确保冗余的缺少和需求之间冲突的消除；

c）通过捕获证据证明飞机需求和相关计划的 V&V 活动符合利益攸关方需求

和期望。

c. 整合已分配需求集（ARS）：为每个部段/系统（部件）的已分配需求集确认额外的需求（如产业化的、可测试性、额外的接口约束等），避免对部段/系统（部件）预期的已分配行为/性能造成不可预见的影响。

d. 将整合的需求集分配到确认的飞机架构：应将整合的需求集中的所有类型的需求（安全、安全性、认证、可操作性、成熟度、性能等），从飞机分配到部段/系统（部件），并获得被分配方认可。分配的飞机级需求所有者（即飞机架构工程师和多学科专家）应作为利益攸关方参与部段/系统（部件）需求及其V&V相关活动的确认。

主要输入与输出包括如下。

a. 输入：已最终确认的飞机架构，设计基线变更的请求及状态。

b. 输出：已分配的飞机级需求及其确认与验证计划等。

5　初步设计阶段的确认与验证

初步设计阶段的主要工作是冻结飞机级需求，开展系统级需求的定义与确认，必要时飞机主制造商可与供应商进行联合定义，确保供应商能对主制造商需求进行理解和有效贯彻。在确认与验证方面主要是优化飞机项目确认与验证策略，开展系统需求评审，进行虚拟样机试验提高需求确认与验证置信度，考虑全生命周期各要素，定义系统需求规范，最终通过系统初步设计评审。

5.1　确认与验证策略优化

5.1.1　目的

优化确认与验证的策略的目的是，在对工程系统的实际质量造成最小损害的情况下减少质量成本或质量时间。

质量成本由确认与验证成本和故障成本组成。质量时间是系统生命周期关键路径上的持续时间，在此期间需要完成开发、制造、维护和处置工程系统，执行确认与验证活动，以及消除工程系统中的缺陷。

5.1.2　描述

一般情况下，确认与验证投入与系统质量之间存在相关性。早在 20 世纪 50 年代，质量管理大师约瑟夫·M. 朱兰就提出了质量成本为确认与验证成本和失效成本之和的定性模型。他建议有一个最佳的确认与验证策略，从而产生最小的总体质量成本。

147

朱兰的质量成本模型很有意义。产品失败是有代价的，但是避免产品失败也是有代价的。大多数系统的想法是最小化总预期质量成本。朱兰模型的主要缺点为它是定性的，因此不能帮助设计实际的确认与验证策略。此外，即使确定了最优确认与验证策略代价，也可能有大量的最优代价的确认与验证策略。通过设计一组定量模型来计算质量成本和质量时间，并将其作为确认与验证策略和其他相关参数的函数来解决这个问题。

使用定量建模方法可以节省 10%～20% 的开发成本/时间。由于质量成本/时间可能包含工程系统开发成本/时间的 50%～60%，投资的回报，特别是在大中型项目中，可能是可观的。优化确认与验证策略的过程如下。

a. 基于标准确认与验证模型优化参数。必须创建一组详尽而全面的可能的确认与验证活动。然后，应该生成与每个活动相关的估计成本和时间。这个确认与验证模型是一个假想的框架，包含了一组完整而理想的确认与验证活动的要求，通过这些要求可以在系统的全生命周期中对其有效开展可操作性的确认与验证活动。

b. 确定确认与验证策略（设置决策变量 $X_{i,j}$ 值）。必须确定一组决策变量，以便对执行一组不完整的确认与验证活动的成本、时间和风险进行可实现的定性和定量建模。决策变量 $X_{i,j}(0 \leqslant X_{i,j} \leqslant 1)$ 定义确认与验证活动性能水平，以集合表示确认与验证策略全集。

c. 基于现有确认与验证策略计算策略成本。将确认与验证模型中每个确认与验证活动的成本乘以其相应的性能水平，并将结果相加，得到一个实际的、可实现的确认与验证策略成本。对于给定的确认与验证策略，可以通过将各个确认与验证活动成本相加来估计此成本。为此，允许进行简化假设，即每个确认与验证活动独立于任何其他确认与验证活动。

d. 评估评价风险模型。为了计算预期的评价风险成本，必须对一组参数进行估计。这是在确认与验证活动执行期间与发现故障相关的返工和重新测试的成本。这个成本是随机的，并且高度依赖于人员的能力和组织内部的过程质量。

e. 评估影响风险模型（IRM）。为了计算预期的影响风险成本，必须估计另一组参数。此成本与执行（或部分执行）确认与验证活动（承担风险）产生的失败相关。这些风险对系统有随机影响，只有在确认与验证活动出现部分性能或失效时才会被识别出来。影响风险成本是根据风险和领域专家建议的失败场景产生的。

f. 根据现有的确认与验证策略计算总质量成本。将确认与验证策略成本、评价风险成本和影响风险成本相加，计算基于现有确认与验证策略的质量总成本。

g. 优化确认与验证策略以获得期望的成本/时间结果。由于资源的限制（主要是时间和金钱），不可能执行一个完整的确认与验证过程［如执行构型有效性评估矩阵（CVM）中的每个过程］。因此，优化（即成本或时间最小化）的确认与验证策略是理想的。优化决策必须一方面考虑同确认与验证活动投资相关的可控变量，另一方面考虑与风险影响和系统故障相关的决策结果。此外，必须在优化的解决方案上加上一些现实生活中的约束条件，如合同义务、公司政策和环境问题。作为初步的近似，可以假设风险影响的独立性，并将决策过程分解为每个确认与验证活动的独立决策。可以使用各种优化技术以获得最佳的确认与验证性能级别 $X_{i,j}^{*}$，从而最小化总的预期确认与验证成本或时间。

h. 重新评估确认与验证策略。只要有可能，重新评估导致各种参数估计的假设，并考虑修改最优确认与验证策略。

5.2 飞机级需求确认

5.2.1 目的

飞机级需求的确认过程是为了确保飞机顶层需求如飞机设计目标与要求都被飞机级需求所承接，且被正确和完整地定义，能够满足客户、用户、供应商、维护人员、机场、空管、审定局方等利益攸关方的需要。

飞机级需求确认需全面考虑飞机运行环境、飞机级架构的约束，新技术、新工艺及新材料的限制，针对前期已捕获并定义的需求，全面查找需求定义错误、需求遗漏项目、需求理解错误等问题，在飞机研制早期就识别出错误和遗漏，降低可能带来的重新设计的风险。

需求确认活动的主要目的如下。

a. 确保需求的正确性与完整性。确保需求是正确的、完整的以备开展飞机或系统后期的设计研发工作。

b. 检查需求的必要性与充分性。删除不必要或者多余的需求，以避免产生额外的设计研发活动，减少复杂的系统带来潜在的错误或缺陷，确保飞机的安全。

c. 限定飞机或系统非预期的行为。限制系统内非预期的行为或相关系统间的非预期潜在行为的出现。

d. 确保飞机安全性并满足客户需求。通过确认活动检查需求是否完整和正确，在飞机项目允许的限定条件下实现安全性要求，并满足用户的需求。用户需求是飞机需求的输入，因此在需求确认过程中应检查飞机需求是如何满足用户需求，以及飞机需求是否已经得到了用户的确认。

e. 提供设计决策的证据。需求确认过程所产生的证据是设计评审的主要内容，通过设计评审确认过程中所产生的数据进而可以决策需求和相关设计方案的可行性。如果需求变更，需求确认证据可以帮助开展需求变更影响分析等工作。

f. 提供适航符合性证据。需求确认过程提供了一种严格的方法，以确保所有飞机级需求已经创建了必要的追溯或者其他确认证据已经被记录。所建立的需求追溯以及被记录的确认证据均可被用作飞机适航符合性的证据。

g. 指导制订并落实纠正措施。在需求确认过程中及早发现不合格问题并使用质量保证流程，指导后续纠正措施或改进。

5.2.2 不同研制阶段飞机级确认活动

根据《民用飞机研制程序》（HB 8525－2017）[19]，飞机研制分为需求与概念论证、初步设计、详细设计、试制与验证、批量生产等五个阶段（见图 5－1）。各个阶段需求确认相关的工作重点如下：

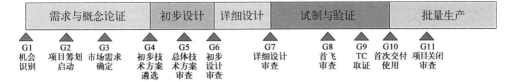

图 5-1　民用飞机研制阶段划分

需求与概念论证阶段（G1—G4）：

a. 初步制订飞机级需求确认计划；

b. 完成飞机设计目标与要求（ADRO）等顶层需求的确认；

c. 完成飞机功能性需求（FRD）的初步确认；

d. 完成飞机非功能性需求（NFRD）的初步确认。

初步设计阶段（G4—G6）：

a. 完善飞机级需求确认计划；

b. 完成飞机功能性需求的确认；

c. 完成飞机非功能性需求的确认。

试制与验证阶段（G7—G10）

a. 完成飞机产品确认；

b. 完成飞机产品确认总结。

5.2.3　规划飞机级需求确认活动

1）输入

飞机级需求确认的输入包括飞机描述（飞机整体运行环境，飞机基本功能性能参数等）、飞机级需求以及飞机级架构定义。

2）输出

飞机级需求确认的输出为飞机级需求确认计划，飞机级需求确认计划内容应包括：

a. 使用的方法；

b. 要收集和生成的资料；

c. 记录形式和内容（如总结、评审或调查研究）；

d. 及时获取需求信息的方式；

e. 当需求有变更时，如何维持及管理确认工作的状态；

f. 确认工作的角色和责任；

g. 关键确认活动的时间规划；

h. 在不同设计层次和研制的不同阶段管理假设的方法；

i. 通过确认工作提供需求定义的独立性的方法。应与验证计划进行协调，关于可以作为部分验证工作的一些确认过程。

5.2.4 执行飞机级需求确认活动

1）输入

执行飞机级需求确认活动的输入为飞机级需求确认计划。

2）输出

执行飞机级需求确认活动的输出为需求确认矩阵，记录整个需求确认过程。需求确认矩阵必须包括以下要素。

a. 被确认的需求和编号；

b. 需求的来源；

c. 需求相关功能；

d. 研制保证等级；

e. 所使用的需求确认方法；

f. 需求确认执行人；

g. 需求确认支撑数据；

h. 需求确认结论。

5.2.5 总结飞机级需求确认活动

1）输入

总结飞机级需求确认活动的输入为飞机级需求确认矩阵。

2）输出

总结飞机级需求确认活动的输出为需求确认总结报告。需求确认总结报告应提供足够的置信度以表明需求已经被完全确认。需求确认报告应经过正式审批，包含以下基本内容：

    a. 引用需求确认计划相关内容，描述严重偏离确认计划的情况；

    b. 需求确认矩阵；

    c. 需求确认支撑材料或者数据源。

5.3 飞机级需求评审

5.3.1 目的

飞机级需求评审的目的是评估飞机顶层需求的状态，判断飞机所有顶层需求是否已被明确界定，并且符合成本（项目预算）、计划（项目工期）、风险及其他系统限制条件，同时检查各需求承接方和其他利益攸关方是否同意拟定的飞机顶层需求的意图，最终评估被评审的飞机顶层需求是否具有足够的成熟度进入下阶段的研制工作。

5.3.2 描述

飞机级需求评审通常在型号项目的初步设计阶段进行，是对飞机级顶层需求定义开展审查。在审查期间，飞机级顶层需求可以提出对飞机、系统和开发过程的初步概念（初步架构或初步实现方案）。此类评审可在飞机级功能分析和初步需求分配与需求承接方达成一致后进行。

此评审中，最重要的是了解飞机设计可能的固有风险，可接受的风险水平是项目成功的关键所在。

尽管成功完成了飞机级需求评审，但飞机级需求团队仍需对可能发生的需求变更进行动态管理，对变更带来的影响的评估将作为飞机级需求评审的补充评估部分。

5.3.3　准入标准

在进入飞机级需求评审前，飞机级需求团队应按照质量保证要求，准备整套评审所需的飞机级需求及相关的技术文档，并在评审之前将其提供给飞机级需求评审参与方。评审文档均应达到一定的成熟度要求，以初步表明项目研制的各方面风险均可接受。具体要求包括如下内容。

a. 飞机研制计划文档。按项目要求，在正式启动飞机研制并进入初步设计后，飞机项目研制计划文档可根据需要进行更新，进入飞机级需求评审时需检查评审节点、评审目标及具体评审内容是否与该计划的要求一致。

b. 飞机级需求定义与确认文档。进行评审时需确保：

a）需求定义：完整捕获了飞机级需求，满足利益攸关方要求，飞机级需求覆盖适用的适航条款要求，满足 BRO 和 ADRO 提出的需求。

b）需求确认：飞机级需求得到确认，确认证据合理充分。飞机级需求的正确性与完整性，对 ADRO、BRO 的链接率均符合项目过程控制指标要求；确认工作得到利益攸关方的认可，包含客户与市场、设计、制造、试验试飞、客户支持等方面，确认过程符合过程要求，确认结论合理。

c）需求分配：将飞机级需求初步分配到了各系统和结构，系统和结构需求链接到了飞机级需求，其追溯性得到了保证。

d）初步飞机架构或方案文档：确定并执行飞机级架构的权衡，应考虑飞机集成方面、现有/未来技术和运行概念方面的替代技术，提出可选实施方案；对飞机架构进行了安全性评估；初步评估飞机架构设计能满足飞机级需求，以表明飞机级需求的可实现性和现实性。

e）接口定义：定义了飞机初步的功能接口控制文档（FICD）和物理接口控制文档（PICD）；必要时初步考虑了外部的用户接口控制文档（UICD）。

5.3.4　准出标准

飞机级需求评审应满足以下准出标准：

1）飞机级需求评审方文档

a. 正确、完整、一致、可行、可验证并清晰表述的飞机级需求；

b. 飞机级需求覆盖适用适航条款要求，满足客户与市场、设计、制造、试验试飞、客户支持等利益攸关方需要；

c. 飞机级功能接口定义、物理接口定义与飞机级功能的期望一致，并达到相互协调；

d. 飞机级需求与接口控制文档符合企业标准或相关行业标准，不一致之处有相关的分析、确认文档的充分证据支持；

e. 飞机级需求与接口需求，与下游各专业技术要求一致，并按这些文档执行；

f. 有证据能表明，飞机级需求能被各专业有效理解，以支持系统需求定义、系统/设备或相关的软硬件设计；

g. 已经制订了具体计划、措施来解决未解决的需求与接口开口项问题，包括任何待定（TBD）项；

h. 所有飞机级需求与接口需求，形成了在构型管理约束下的需求基线；

i. 飞机级需求与接口需求的确认应有充分的证据证明，特别是关键的性能要求，需提供分析、模拟和类似系统的测试结果等明确的证据。

2）飞机级需求评审关联文档

a. 初步飞机架构或方案

a）按照飞机运行要求全面确定飞机运行概念；

b）初步飞机架构完全遵守内部和外部接口要求；

c）初步飞机架构不但可行且可扩展；

d）初步飞机架构进行了多学科权衡与安全性评估；

e）工程分析充分表明初步飞机架构能够满足关键性能参数的要求。

b. 飞机研制计划

a）飞机研制方有充足的理由、条件做出每项工程决策；

b）飞机的开发和验证计划合理可行，支持需求的测试和评估等验证策略；

c) 飞机级需求考虑了项目生命周期成本、项目进度的要求，特别是后期验证的周期考虑要与项目进度合理一致。

5.3.5 评审项

除准入条件中列出的评审项之外，评审还应包括以下各项：

a. 飞机级需求分析、权衡研究和限制条件；

b. 飞机级架构和工程设计分析、权衡研究和限制条件；

c. 可选架构和工程解决方案与分析；

d. 飞机性能分析，包括关键性能参数（KPP）；

e. 需求验证追溯矩阵（RVTM）；

f. 飞机功能演示、样机研发、模拟结果和计划；

g. 飞机级安全性计划和分析；

h. 生命周期成本分析；

i. 飞机级集成计划和分析；

j. 项目进度表（全生命周期内），包括所有重大里程碑。

5.4 系统需求评审

5.4.1 目的

系统需求评审（SRR）通过评估系统需求的状态，判断飞机所有系统需求是否已被明确界定，并且符合成本（项目预算）、计划（项目工期）、风险及其他系统限制条件，同时检查系统的生产商、供应商和其他利益攸关方是否同意拟定的系统级和设备级需求的意图，最终评估被评审的系统是否具有足够的成熟度进入下阶段的研制工作。

5.4.2 描述

SRR通常在系统初步设计阶段进行。这通常是第一次系统设计审查，在审查期间，系统设计方可以提出对系统和开发过程的初步概念（初步架构或初步实现方案）。此类评审可在功能分析和初步需求分配到相应系统并达成一致后进行。

此评审中，最重要的是了解系统设计可能的固有风险，可接受的风险水平是项目成功的关键所在。通常，SRR 还应结合 RFP、与供应商通用的技术要求等文档进行评估。

尽管成功完成了 SRR，但系统研制方仍需对系统可能发生的需求变更进行动态管理，对变更带来的影响的评估将作为 SRR 的补充评估部分。

5.4.3 准入标准

在进入系统需求评审前，系统研制方应按照质量保证要求，准备整套 SRR 技术需求及相关的技术文档，并在评审之前将其提供给 SRR 参与方。评审文档均应达到一定的成熟度要求，以初步表明系统开发在各方面的风险均可接受。具体要求如下：

a. 飞机系统研制计划文档。按项目要求，在正式启动飞机研制并进入初步设计后，飞机系统研制计划文档可根据需要进行更新，进入 SRR 时需检查 SRR 的评审节点、评审目标及具体被评内容是否与该计划的要求一致。

b. 系统需求定义与确认文档。进行 SRR 时需确保：

a）需求定义：完整捕获了系统级需求，满足利益攸关方要求，系统级需求覆盖适用适航条款要求，满足飞机级和其他交联系统提出的需求。

b）需求确认：系统级需求得到确认，确认证据合理充分。系统需求的正确性与完整性、对飞机级需求的链接率均符合项目过程控制指标要求；确认工作得到利益攸关方的认可，包含客户与市场、设计、制造、试验试飞、客户支持等方面，确认过程符合过程要求，确认结论合理。

c）需求分配：将系统需求初步分配到了各子系统或设备，子系统级需求可以链接到系统级需求，可追溯性得到了保证。

d）初步系统架构或系统方案文档：确定并执行了系统级架构的权衡，以便考虑到系统集成方面、现有/未来技术和运行概念方面的替代技术，提出可选实施方案；对系统架构进行了安全性评估。

e）接口定义：定义了系统初步的功能接口控制文档（FICD）和物理接口控制文档（PICD）；必要时初步考虑了外部的用户接口控制文档（UICD）。

5.4.4　准出标准

SRR 应满足以下准出标准。

1）系统技术需求与接口需求文档（IRD）

a. 正确、完整、一致、可行、可验证并清晰表述的系统需求；

b. 系统需求覆盖适用适航条款要求，满足客户与市场、设计、制造、试验试飞、客户支持等利益攸关方需要；

c. 系统功能接口定义、物理接口定义与飞机全部系统功能的期望一致，并达到相互协调；

d. 系统技术需求与接口需求符合企业标准或相关行业标准，不一致之处有相关的分析、确认文档等充分证据支持；

e. 系统技术需求与接口需求文档，与供应商初始的合同技术要求一致，并按这些文档执行；

f. 有证据能表明，系统供应商对主制造商的需求有足够了解，以继续进行详细的系统、设备或相关的软硬件设计；

g. 已经制订了具体计划、措施来解决未解决的需求与接口开口项问题，包括任何 TBD 项；

h. 所有系统技术需求与接口需求，形成了在构型管理的约束下的需求基线；

i. 所有系统技术需求与接口需求，其豁免、偏差和/或取消均按质量的要求记录在案；

j. 系统技术需求与接口需求的确认应有充分的证据证明，特别是关键的性能要求，需提供模型、模拟、分析和类似系统的测试结果等明确的证据。

2）SRR 评审关联文档

（1）初步系统架构或方案

a. 按照飞机运行要求全面确定系统运行概念；

b. 初步系统架构完全遵守系统和外部接口要求；

c. 初步系统架构不但可行且可扩展；

d. 初步系统架构进行了多学科权衡与安全性评估；

e. 工程分析充分表明初步系统架构能够满足关键性能参数的要求。

（2）系统研制计划

a. 系统研制方或供应商有充足的理由、条件做出每项工程决策。

b. 已制订了初步的系统验证计划，方法选择正确、所需验证资源（例如仿真工具、试验平台、试验设备）合理且符合系统和外部接口要求。

c. 供应商的研发和运行测试计划合理可行，完全支持主制造商的测试和评估策略及用户运行概念。

d. 为项目建立了完善的风险管理机制，包括风险识别、风险分析和优先级划分、风险处理、风险跟踪和控制；已经证明，系统和项目各环节的风险均在可接受范围内，可以继续下一步工作。

e. 系统的需求考虑了项目生命周期成本，成本分析要求作为生命周期成本的基础应与系统需求和初步架构保持一致，并完全满足所有系统和外部接口要求。

f. 系统的需求考虑了生命周期项目进度的要求，特别是后期验证的周期考虑要与项目进度合理一致。

5.4.5　评审项

除准入条件中列出的评审项之外，评审还应包括以下各项：

a. 系统需求分析、权衡研究和限制条件；

b. 系统架构和工程设计分析、权衡研究和限制条件；

c. 可选架构和工程解决方案与分析；

d. 系统性能分析，包括关键性能参数（KPP）；

e. 需求验证追溯矩阵（RVTM）

f. 系统演示、样机研发、模拟结果和计划；

g. 系统安全性计划和分析；

h. 生命周期成本分析；

i. 系统集成计划和分析；

j. 项目进度表（全生命周期内），包括所有重大里程碑。

5.5 系统描述文档评估

5.5.1 目的

系统设计描述应该在系统和子系统级别上进行评估，达成以下目的。

a. 体现与 RFP 和系统需求中一致的系统概念。

b. 实现系统所需的内容和架构，描述选择的系统设计，包括系统构架、设备和其他部件之间在系统内的相互作用。

c. 阐述系统的设计原理，并证明对已有系统或部件的重用或不可重用。

d. 描述系统实现的飞机功能的情况。

e. 确定系统架构派生的衍生需求。

f. 将需求分配到组成系统的设备，以确定适用于设备设计的需求。

5.5.2 描述

系统设计定义过程的关键任务是定义系统/子系统构架并证明其满足系统需求文档中的需求。在这一活动中，系统需求文档的需求分配到不同的构架中的部件将被提出和评估。所选择的解决方案应在系统/子系统描述文档中描述并证明其符合系统需求文档。

不管是主制造商自行开发系统，还是从供应商处采购系统，均应定义并提供详细的系统描述文档。在所有情况下，系统设计师应全面负责系统描述文档。

至少每个民用飞机的 ATA 章节都要有系统描述文档。系统描述文档和系统需求文档具有相同的范围。

系统/子系统设计描述作为系统设计的主要工具，应该履行其作为概念系统和实际系统之间的桥梁的作用。因此，系统/子系统设计描述的评估应该验证以下内容：

a. 一致性。系统设计与系统功能需求和系统接口需求的一致性。

b. 可行性。在飞机项目与系统产品研制的框架范围内（如资金、进度及其他资源）进行系统设计的可行性。

c. 政策和法务。系统设计符合公司政策以及现有的标准、法律和环境法规，满足适航认证要求。

5.5.3　参与者

在系统描述文档的建立及评估过程中，至少涉及以下参与者：

a. 系统设计责任人；

b. 安全性与可靠性专家；

c. 系统确认与验证专家；

d. 其他需要的专家；

e. 飞机总工程师；

f. 飞机操作人员；

g. 客户。

5.5.4　输入/输出

系统描述文档评估的主要输入有：

a. 系统需求文档（SRD）；

b. 系统架构文档（SAD）；

c. 系统设计描述文档（SDD）。

系统描述文档评估的主要输出有：

a. 系统设计评审报告；

b. 系统设计描述评审记录。

5.5.5 主要过程

定义系统或子系统设计描述文档的目的是对整个系统或子系统的设计进行完整描述，方便系统研制的各方理解，以及便于进行验证。

系统或子系统设计描述的评估，应系统性评价体现一个完整的系统所需要的全部要素。该评估过程包括以下内容：

a. 范围。系统/子系统设计描述应包含其所应用的系统及其目的的完整标识，以及所有利益攸关方（例如：项目发起人、用户、开发人员和相关支持机构）的标识。

b. 引用文档。系统/子系统设计描述应识别所有在系统/子系统设计描述中引用的文档。

c. 系统设计特征。系统/子系统设计描述应记录系统的关键设计特征，包括但不限于硬件或软件的架构选择。

d. 系统部件。系统/子系统设计描述应包含架构设计的全部详细部件，并进一步明确：① 识别系统的部件及其与其他部件的关系；② 说明每个部件的用途，识别分配给它的系统需求；③ 每个子系统所需的资源数据，如能源需求、物理安装、计算资源需求等。

e. 系统运行概念。系统/子系统设计描述应描述所有系统部件之间执行的运行逻辑概念。

f. 系统接口设计。系统/子系统设计描述应描述每个系统组成要素的接口特征。更具体地说，它应该识别出系统内部和外部的各个接口，它所连接的部件和它的唯一特性。

g. 可追溯性需求。系统/子系统设计描述应包含一组在此系统/子系统设计描述中标识的每个系统组成和分配给它的系统需求之间的双向可追溯性。

5.6 系统需求规范评审

由供应商负责的工作包级的需求一般称为系统需求规范（SysRS），主制造商内部一般称其为产品规范（PS）或产品采购规范（PTS）。

系统需求规范评审的目的是验证系统需求规范或类似客户文档。具体而言，该文档中的每项要求都应根据 RFP 的一致性、可追溯性、可验证性、清晰性、可实现性、完整性和未来能力进行评估。此外，每项要求应包含以下支持信息：必要性、假设和责任。

根据 RFP 或类似的客户文档，对工程人员生成的系统进行评估。需要注意的是，"系统"包括使能产品和最终产品。理想情况下，应与系统的客户以及其他利益攸关方讨论每项需求，以确保：

a. 与上层需求一致。确保 SysRS 中所述的每个系统需求以某种形式出现在 SRD 中，或出现在与工作包相应的 RFP 中，或直接从 RFP 中衍生出来。还应保持上层需求的意图和含义。

b. 可追溯性。确保 SysRS 中的每个系统需求可以追溯到 SRD、RFP 或类似客户文档中的一个或多个段落或章节。

c. 可验证性。确保每个系统需求是可验证或可测试的。这意味着要求必须用严格的术语表述，不能含糊不清。例如，包含诸如"最大化""最小化""支持""适当""但不限于""用户友好""简单"和"足够"等词语的需求通常是不可验证的。因此，有必要向客户明确此类要求的真正含义。

d. 清晰性。确保每项要求均以可理解的语言表述，不要使用含歧义的短句。

e. 可实现性。确保每个系统要求是可以实施的，并能充分意识到将要开展工作的组织的局限性。需求可实现性应该从多个角度进行验证，包括技术、财务、法律、环境和程序。

f. 完整性。确保整个系统需求集的完整性。这就要求确保所有的需求都是完整的，并且没有需求重复或者冲突。

163

g. 未来能力。评估与未来生命周期阶段相关的系统能力。例如，除了满足设计和测试要求外，还满足生产、使用和维护以及处置要求。

h. 必要性。确保每个系统需求存在一个相关的陈述，用于证明该需求对于整个需求集来说是必要的（例如，是客户的需求）。

i. 所有者。确保每个系统需求存在与其相关联的所有者。所有者应该愿意并且能够为需求进行维护，并且能够评估设计变更对给定需求的影响。

j. 假设。验证对于每个系统需求，存在需求所有者所作的假设陈述。

5.7　系统设计工具鉴定

5.7.1　目的

此活动的目的是确保系统设计工具产生正确的结果。设计工具可以是软件仿真包、数据库管理系统、硬件测试台等。工具鉴定的结果可以从不同的角度（如模拟、可视化、输出数据）得出。

5.7.2　描述

系统工程师使用各种支持工具来完成系统设计过程。这些工具包含了广泛的功能。简单的数据库管理工具用于捕获系统的结构、关系和功能，并生成一组文档或打印列表。更高层次的设计工具使用仿真和其他技术来帮助设计师分析复杂的工程问题，得到可视化结果，回答"如果……将会……"问题。

设计工具，特别是使用目标系统的模拟和虚拟原型的复杂的设计工具，应该在广泛使用之前得到验证。术语"工具鉴定"是指：① 一个给定的工具可以正常工作；② 工具的操作人员有充分的培训，以确保正确的操作工具和输出。使用无效或不正确验证的工具可能导致设计不能满足需求或在生命周期后期出现失败，这两者都是代价高昂的。

鉴定设计工具的基本策略是使用一组参考案例来评估它。参考案例包含输入数据、工具操作步骤和相应的预期结果，这些结果是手工计算的或从现有的系统经验中得知的。设计工具使用参考案例进行操作，然后将实际结果与预期结果进行比较，以检查工具是否运行正确。

初始验证应该使用众所周知的案例。对于模拟工具，应使用教科书案例。例如，假设需要验证设计飞机结构（如机翼或尾部）的工具，可以通过对设计的梁进行有限元分析来验证设计结果，以证明其结构合理，从而（部分）验证设计工具。

5.8　虚拟样机验证系统设计

5.8.1　目的

该活动的目的是通过虚拟样机验证初步的系统设计是否满足系统需求。在初步设计阶段，验证的重点是系统的功能、系统架构及关键系统参数。

使用模拟系统的另一个目标是评估所选设计在各种输入条件下的鲁棒性，以及评估系统行为对关键设计参数的敏感性。

5.8.2　描述

随着全球制造业产业革命新时代的到来，虚拟设计与验证，已成为技术发展、产业升级的重要方向。现代大型民机研制是高度复杂的多系统综合集成设计过程，快速发展起来的基于模型的系统工程（MBSE）方法，为虚拟设计和虚拟验证带来了方便，减少了由需求、方案重复迭代以及变更造成的巨大研制成本，缩短了研制周期。

该活动通过定义系统运行环境，构建系统功能和物理架构模型，搭建数字化的虚拟系统，以根据系统需求验证系统设计，捕获系统设计的弱点和长处，并检测系统设计故障。如今，技术的进步使得相关的系统活动、参数构建、虚拟设计和完整的系统验证成为可能，这种方法直接适用于功能验证和准确的设计权衡。精确的系统建模不仅可以识别外部参数变化如何影响系统的单个部件，还可以将各种部件通过虚拟化的方式集成到最终部件。这种根据可量化的系统输出（当系统受到预期的功能约束时）来确定设计目标的新能力可以支持真正的设计优化。

该活动也可适用于系统生命周期的后期阶段，包括系统集成和型号合格审定。通过将系统行为与虚拟样机结果进行比较，可以进行中间产品及最终产品的验证。使用虚拟样机代替实际产品甚至可以减少一些物理测试和相应的成本。在某些情况下，在系统的全生命周期中扩展此活动都是合适的。对实际系统的计划改进可以首先在虚拟系统上进行尝试，而不会因为出现错误而带来灾难性的失败。

目前，许多商业上的基于软件的仿真工具都支持这种虚拟验证。这些工具还包括灵敏度和优化功能，也可以用来评估系统的鲁棒性，可以发现系统上的一些约束，或者获取外部条件下的系统行为。

系统设计的仿真验证必须谨慎进行。事实上，许多缺陷隐藏在表面逼真的图形图像后面。一个复杂系统的行为很难被正确地模拟，特别是当必须考虑不同学科的特征的时候。通常情况下，与非常重要的系统特性（如材料特性）相关的参数并不广为人所知，不确定性的程度可能会严重影响结果的质量。基于这些原因，建议仿真模型尽可能保持简单，以便控制它们的响应，并能更加容易地解释结果。此外，此类设计工具在工程设计或技术研究环境中使用之前，应始终进行验证。

5.8.3 主要活动

a. 系统运行场景识别与建模：基于 DODAF 架构研究运行场景建模技术，开发民用飞机系统典型运行场景模型，进行运行需求分析、可运行性分析、运行效能初步分析。

b. 基于模型的功能设计与验证：基于模型进行功能架构分析，搭建基于模型的系统功能架构，静态展示功能之间的活动图和运行逻辑关系；定义正常和特殊场景下功能的运行状态，实现高逼真度的动态仿真；基于功能间的交互关系，建立功能接口模型，验证整机交联逻辑的正确性。

c. 基于模型的系统架构与接口综合验证：基于 Modelica 和 Simulink 等建模语言和工具，结合系统逻辑架构和系统物理架构，搭建相应的系统仿真模型，建立半实物仿真平台，开展系统架构与接口综合验证。

5.9 满足全生命周期需求的系统设计评估

5.9.1 目的

该活动的目标是评估现有的设计，并验证其不仅考虑了当前阶段系统的需求，而且考虑了全生命周期的所有阶段，特别是生产、使用/维护和处置生命周期阶段。

5.9.2 说明

一直以来，航空航天领域普遍的情况是同型号产品的生产数量较少，抑或是产品属于定制产品，缺少服役（或运行）方面的信息反馈，这就很容易导致设计工程师倾向于只考虑系统生命周期的开发部分来设计系统。也就是说，一旦系统通过了鉴定（或取证）过程，他们的设计责任就结束了。而在汽车、消费电子行业，同一产品生产了成千上万甚至几十万件（尽管不同客户的产品有些不同），设计工程师的设计责任延伸到整个系统生命周期，他们的设计思维就倾向于全生命周期。

系统设计的验证不仅应考虑系统是否符合设计评审的要求，还应考虑其他生命周期阶段，特别是生产、使用/维护和处置生命周期阶段。因此，系统设计评估应包括如下方面：

1）生产验证需要

a. 验证系统设计是否考虑了部件、子系统、系统制造和集成以及生产设施建设的复杂性和成本。从生产的角度来看，优化设计需要性价比高的系统部件，并且这些部件的制造和组装简单、成本低廉、数量合适。

b. 验证系统设计是否尽可能利用在其他过去和现在的系统中已经设计、制造和使用的部件和子系统。从生产的角度来看，优化设计需要模块化部件策略，力求尽可能地减少制造部件和子系统的总体配置。

c. 验证系统设计是否考虑到获得原材料以及生产工具、仓库等其他资源的需要。设计应尽可能合理地依赖容易获得的原材料和制造设施。

d. 验证系统设计是否考虑在制造和集成后验证系统部件的需要。设计应支持简单的制造验证方法。

2）使用/维护验证需要

a. 验证系统设计是否考虑到需要在高度可靠性和依赖性的情况下连续使用系统。该设计应考虑长期耐用性，包括在不利的环境条件下。

b. 验证系统设计是否考虑定期维护系统的需要。设计应支持方便地访问系统的所有部件进行检查和部件更换。此外，设计应力求最大限度地使用通用部件，并尽量减少对备件的需求。

c. 确认系统设计考虑到需要持续使用系统，而不会对用户、操作员、维护人员和其他受系统影响的人员造成负面环境影响或健康伤害风险。该设计应考虑到消费者的长期安全，并尽可能合理地避免使用危险材料、暴露于危险的辐射水平等。

d. 验证系统设计是否考虑了未来可能的非计划系统升级和改装。该设计应努力支持灵活且适应性强的系统架构，允许将部件最佳地集成到模块中，同时最小化与内部接口相关的成本。

3）处置验证需求

a. 验证系统设计是否考虑到在对环境不利程度最小的情况下，按照现有法规处置系统的需要。设计应尽可能合理地确保系统包含的有害物质最少。

b. 验证系统设计是否考虑到系统寿命结束时的最终拆卸，以便以成本低效益高的方式实现，尽可能多地回收原材料进行再循环。

5.10 系统初步设计评审

5.10.1 目的

系统初步设计评审是系统设计评审的重要部分，该活动的目标是完成系统初步设计审查，并达到如下目的：

a. 为每一个系统设计构型项建立一个设计基线；

b. 评价系统设计定义的程度，确保初步系统描述文档在成本、效能方面充分满足所有系统需求；

c. 确保将系统需求以最优配置的形式完整地分配给子系统并建立子系统需求；

d. 确保系统、设备及软硬件在功能接口与物理接口方面的协调性；

e. 确保技术项目的风险等级可识别，并且可以有效可控管理。

5.10.2 描述

系统设计评审（SDR）适用于涉及多专业的产品与流程，其目的是根据系统的总体需求来评估系统的设计，评估是否具有足够的成熟度转入下一阶段的研制。SDR评审要素既包括通用的技术要素（如系统架构权衡研究、内部和外部接口权衡、硬件及计算机软件设计、系统操作、培训、维护设施、后勤支持等），还包括系统工程管理活动（如需求管理、确认与验证规划、制造方法和过程、项目风险分析、系统成本效益分析、后勤保障分析、特定工程和构型管理等）。

一般将系统设计评审分为两个阶段：初步设计评审（PDR）和关键设计评审（CDR）。PDR通常是对系统一个构型项或一组功能相关的构型项的基本设计方法的正式技术评审，通常在详细设计之前进行，并在初步系统/子系统设计描述中进行总结。与系统各部分相关的总体项目风险也应在技术、成本和进度的基础上进行审查。此评审应在已获得以下文档之后和详细设计开始之前执行。这些文档包括系统架构文档（SAD）、系统设计描述文档（SDD）、硬件开发规范、软件顶层设计文档（STLDD）、软件测试计划（STP）、硬件构型项（HWCI）测试计划等。对于每个构型项，可以作为单个活动执行，也可将其分散到几个活动中，具体取决于构型项开发活动的性质和范围以及工作合同声明中规定的条款。如对供应商有利，则可以针对一组构型项采用集中式 PDR 方法，对每个构型项进行独立评审。这种集中式 PDR 方法也可分散在几个活动中，如同单个构型项的评审一样。此外还应从技术、成本和进度角度对与每个构型项相关联的系统技术方案的风险进行评审。CDR 是对系统最终设计的正式技术审查，理想情况下，应在实施阶段之前进行，以确保系统/子系统设计描述中反映的详细设计解决方案已经稳定。

系统设计评审涉及以下确认与验证活动：

a. 验证系统/子系统设计描述在满足已验证任务需求方面是否充分且具有成本、效能优势；

b. 验证分配给子系统和部件的需求集是否代表了系统需求的完整性和正确性；

c. 通过权衡研究、子系统/部件硬件验证、综合性工程分析（如故障模式和影响分析、可维修性分析、生产能力分析、标准化分析）的实施，评估技术项目风险识别情况；

d. 验证运营、制造、维护等的组合是否与整个项目目标相协调（如交付数量、产品单机成本、计算机软件、人员、设施等是否与项目匹配）；

e. 验证所有责任方对需求和系统设计已达成共识。

5.10.3 准入标准

系统设计活动的所有重大要素都将纳入 PDR 考虑范围。如果某个要素是项目风险的主要诱因，则予以重点考虑。其目的是证明在满足成本、进度和性能要求方面正在取得卓有成效的进展。

1）功能定义与分解

a. 完成了系统功能定义及功能架构描述，完成了基于子系统级别的功能流程框图，功能定义明确且层次清晰；

b. 完成了系统功能分析，功能分配合理、明确。

2）需求分析与确认

a. 完成了系统需求文档，无主要 TBD 或未明确项；

b. 完成了设备顶层需求文档；

c. 完成了系统需求确认总结报告；

d. 完成了设备顶层需求确认总结报告。

3）接口定义

a. 完成了系统级功能接口控制文档；

b. 必要时初步考虑了外部的用户接口；

c. 初步定义了系统内部电气接口。

4）初步设计

a. 完成了系统描述文档；

b. 完成了系统架构设计验证总结；

c. 完成了设备级的 PBS 分解；

d. 完成子系统的硬件初步设计分析；

e. 完成初步电气、机械、功能原理图，包含子系统和系统内部及系统之间的详细框图；

f. 完成系统级特定风险分析、共模分析、区域安全性分析（ZSA）、系统功能危害性评估（SFHA）、功能可靠性评估、初步系统安全性评估（PSSA）、初步系统可靠性评估、系统可靠性指标分配、系统维修性指标分配、系统测试性指标分配、系统可靠性预计、系统维修性预计、系统测试性分析、设备使用环境可靠性评估、初步 FMEA、内部和环境危害分析（IEHA）、安全性关重件及特性分析、可靠性关键项目清单、维修性关键项目清单、飞机维修口盖分析、初步 LRU 清单等四性相关工作。

5）验证和试验计划

a. 完成初步系统验证和试验计划；

b. 完成初步集成和试验计划（从 LRU 到系统级，包括机上地面试验）；

c. 完成设备鉴定试验计划；

d. 完成适航符合性试验计划。

6）合格审定

a. 确定系统审定基础；

b. 完成条款需求检查单；

c. 确定审定基础条款分工表；

d. 完成初步的系统级审定计划（CP）；

e. 完成条款验证规划完整性分析报告、检查单；

f. 完成设计保证手册初稿。

7）特殊工程

a. 进一步细化并更新项目级别的特殊工程计划（如项目管理、安全和质量管理、采购与供应商管理、风险管理计划等）；

b. 识别项目关键技术、材料、工艺的风险。

5.10.4 评审内容及准出标准

PDR 评审内容涵盖以下各个主要方面，同时给出的详细的准出标准定义了成功完成 PDR 须达到的最低要求。

1）功能定义与功能分析

a. 系统功能定义完整、协调，同一层级功能之间不存在冲突、重叠和交叉情况；

b. 系统功能分配合理，保证系统可以承接分配的飞机级功能；

c. 定义的系统功能满足飞机功能以及需求提出的功能要求；

d. 将系统放在具体的使用场景下进行了功能的描述，系统级功能描述准确详细，功能逻辑关系正确清晰，功能分解合理；

e. 系统级功能架构与飞机级功能架构相匹配；

f. 系统功能架构满足安全性要求。

2）系统需求分析

a. 完整捕获系统级需求，系统级需求与飞机级需求链接率达到95%，满足利益攸关方要求，系统级需求覆盖适用的适航条款要求，满足飞机级及其他交联系统提出的需求；

b. 子系统级需求与系统级需求链接率达到50%，设备顶层需求分解到了唯一的设备。

3）接口定义

a. 系统功能接口控制文档：正确定义了系统接口交互项和接口关系（属性正确率达到90%，系统间接口链接率达到80%），完成功能接口确认（确认率达到70%）。

b. 系统机械接口控制文档：确定结构与系统连接界面，系统设备安装位置、形式互相协调，设备安装、拆卸与维护方式满足维修性需求。

c. 系统电气接口控制文档（EICD）：系统间电气接口协调一致。

4）需求确认

a. 系统级需求得到确认，确认率达到95%，确认证据合理充分。系统级以及设备顶层需求正确、完整，系统级需求链接到了飞机级需求。

b. 确认工作需得到利益攸关方的认可，包含客户与市场、设计、制造、试验试飞、客户支持等方面，确认过程符合过程要求，确认结论合理。

c. 系统级需求符合可制造性、可维修性、可测试性等方面要求。

d. 子系统级需求链接到了系统级需求，子系统级需求确认率达到50%，确认证据合理。

e. 子系统级需求符合可制造性、可维修性、可测试性等方面要求。

5）设计综合

a. PBS所定义的产品单元编号、属性、关联文档类型明确且签审流程清晰。

b. 系统架构描述文档定义合理、可行，物理架构满足功能、性能以及安全性需求。

c. 系统描述文档定义的系统功能、性能、设备、软件组成、研制保证等级

（DAL）分配、设备安装、重量、人机接口定义描述清晰准确，满足已确认的系统需求。

d. 系统设计方案经过合理验证，并有充分的支撑材料；系统方案满足系统级所提出的全部功能、性能需求以及通用技术要求。

e. 系统特性指标和需求已分配到系统，并充分确认；系统设计方案满足特性设计指标和需求；系统特性需求分解到设备，关键设备开展了特性分析。

f. 系统设计验证得到利益攸关方的认可（包含客户与市场、设计、制造、试验试飞、客户支持等方面），验证过程满足要求，验证结果合理。

6）建模与仿真

a. 最新的系统研制计划（SDP）充分解释了为建模与仿真而开发的软件，包括流程、方法、工具和环境；

b. 确定了系统和软件工程流程、方法、工具和环境，以充分支持生命周期这一阶段的建模和仿真开发活动；

c. 按照生命周期这一阶段的要求和预期开展了充分的建模和模拟活动；

d. 已定义和记录模型和模拟要求；

e. 已开发或采购模型和模拟器；

f. 已验证模型和模拟器；

g. 模型、模拟器及其相关文档接受构型控制；

h. 已制订未来的建模和模拟活动计划，与其他系统和软件开发活动一致。

7）集成和验证

a. 系统集成和验证计划已完成更新，各级系统产品的集成策略和集成顺序合理、可行；各级系统产品集成后的集成测试要求合理、可行。

b. 按照系统集成和验证计划的完整性要求执行了系统间初步的集成和验证活动。

c. 最新的系统、子系统、设备验证计划确定了满足所有的开发、维护、运作和培训需求所必须达到的系统间测试环境要求。

d. 按照生命周期这一阶段的要求为系统间测试环境开发或采购了必需的硬

件、软件和设施。

e. 与外部供应商之间进行的系统、子系统、设备集成及验证的计划已完成更新。

f. 按照生命周期这一阶段的要求和所选择的软件开发生命周期模型，已完成软件集成和验证计划和规程的更新。

g. 按照所选择的软件开发生命周期模型，执行了部件、子系统、软件和接口集成活动，并按软件开发计划和集成与验证计划的要求充分验证了其相关要求。

h. 记录了验证状态，执行构型管理，并正确反映了迄今为止的所有层级要求（从系统到软件）的验证结果，包括仅获得部分验证的需求的状态。验证状态与验证结果相关联（即检查、分析、测试或演示报告）。

8）产品实施准备

a. 系统工艺总方案：部件/部件装配单元划分、新材料新工艺新技术应用要求、工艺技术管理要求、制造构型管理要求、装配协调管理原则与要求等合理可行。

b. 装配协调方案：制造分离面设置、装配协调原则和方式合理可行。

c. 质量检测方案：质量检测方法选择原则、检测数据传递原则、检测点设置原则定义合理可行。

d. 生产线技术方案：生产线工艺布局、站位设置、产能分析和厂房方案合理可行。

9）合格审定

a. 确保审定基础相关内容合理，有效落实到系统级需求等设计活动中；

b. 确保审定基础条款的需求按检查单要求落实到需求体系；

c. 相关的系统级的 CP 设计方案说明清楚，审定基础阐述完整，符合性方法规划完备，相关的计划时间策划符合实际；

d. 按照条款规范检查条款验证规划的完整性；

e. 对在总体技术阶段审查方对设计保证系统提出的评审意见，制订相应的措施进行整改，进一步保证相关程序的完整和对人员的培训与选拔；

f. 申请人提交型号的设计特征等基本设计材料，同时提交跟审查方前期讨论的审定基础、CP、设计保证手册，阐述目前型号进展，以及说明申请人的设计研制能力。

10）风险管理

a. 最新的风险评估包括以下风险（如适用）：与规模和复杂性相关的风险；与分配给硬件和软件的要求相关的风险；与系统和系统分部架构的硬件和软件方面相关的风险；与非研制产品［如商用货架产品（COTS）、重复利用、政府现货供应（GOTS）等］的选择和使用相关的风险；与计算资源（如处理器、高速缓存、内存、总线、网络）的选择和使用相关的风险；与资源增长余量相关的风险；与进度相关的风险；与开发、集成和验证流程和工具相关的风险。

b. 一个完善的风险管理计划是更新版系统研制计划的一部分，与更新版系统风险管理计划合为一体。

c. 已证明有效的项目风险管理流程（包括硬件和软件风险管理流程）能正常运作。

d. 已建立有效的硬件和软件风险处理计划，并按照计划开展风险处理活动。

11）项目生命周期成本和进度

a. 通过实际数据（来自当前项目和历史数据）对成本模型进行校准，并将模型用于更新成本和进度估算；

b. 记录了现实的成本驱动因素，如复杂性等参数，以及假设条件，利用记录的项目数据进行了验证，并运用于成本模型，用于更新成本和进度估算；

c. 最新的生命周期成本估算充分包含硬件和软件支持；

d. 最新的生命周期成本估算包含了所有的任务，如新兴的硬件技术、COTS集成和更新、知识库和数据库填充；

e. 根据历史数据，最新的增长估算较为合理，并与接口要求和硬件/软件架构一致；

f. 最新的成本和进度估算有足够的余量，可覆盖此阶段的估算风险；

g. 最新的生命周期成本估算与系统和系统分部架构一致；

h. 硬件开发和软件构建计划可行，与系统和系统分部架构一致，并符合系统、系统分部和项目进度表。

12）工程和管理计划

a. 最新的系统工程和项目管理计划充分支持跨系统和设备的硬件和软件相关活动；

b. 最新的系统工程计划（SEP）与最新的主集成计划（IMP）、SEMP 以及其他管理和工程计划一致；

c. 最新的 SEP 支持完整的硬件和软件开发生命周期；

d. 最新的 SEP 描述了一组一体化的流程、方法、工具和环境，涵盖所有的硬件和软件团队成员，适合域操作，且与项目的范围和复杂性相协调；

e. 现有和规划的工程环境与所有团队成员的系统工程环境相整合；

f. 最新的 SEP 描述了所选择的开发生命周期模型，这些模型具有可行性，适合项目范围和适应项目复杂性，并统一面向所有团队成员；

g. 最新的 SEP 规定了所有团队成员的角色和责任；

h. 记录并验证了全生命周期内使用的流程、标准、规程和惯例，且与 SEP 一致。

5.10.5 转段要求

要实现 PDR 转段，除达到上节要求的准出标准外，以下对于项目管理的标准也是必不可少的。

1）关键技术

a. 完成影响系统研制的关键技术论证；

b. 完成系统关键材料、零部件和工艺的论证。

2）质量管理

a. 完成初步设计阶段评审的准入审查；

b. 完成初步设计阶段评审；

c. 对初步设计阶段评审问题进行归零或进行影响分析评估。

3）采供与营销

a. 与主要系统、子系统或设备供应商签署合同；

b. 当前设计满足型号市场推介的需求。

4）项目管理

a. 阶段经费预算合理且有支持来源，系统研制经费预算获得批准；

b. 阶段周期合理，当前进度满足里程碑节点要求，或延误的周期在系统研制计划的许可范围之内。

5）成本、风险与构型管理

a. 通过转段经济性评估；

b. 项目风险可控，项目风险分析与评估报告获得批准；

c. 系统分配基线已经冻结。

6 详细设计阶段的确认与验证

详细设计阶段主要工作是开展接口零部件和系统设备软硬件的详细设计，完成产品定义数据发放，开始零部件生产制造。在确认与验证方面主要是对子系统及以下层级需求的确认，完成详细设计方案，开展零部件试验测试及评审。

6.1 系统关键设计评审

6.1.1 目的

系统关键设计评审（CDR）是系统设计评审的重要组成部分，CDR 的目标是获得项目管理人员和客户的认可——系统设计及其包含的硬件和软件满足所有方面的要求。它是民机研制阶段一项关键评审活动，旨在证明设计概念、设计细节及生产、使用等各方面的适宜性、合理性。该活动的目标是完成系统关键设计审查，并达到如下目的：

a. 确定被评审系统的详细设计满足系统需求的各项技术要求；

b. 确定其他设备、设施、计算机软件和项目管理之间详细设计的兼容性；

c. 评估生产率和被评审系统风险领域（基于技术、成本和进度）；

d. 对初步硬件设备的产品规范进行评审；

e. 对任何偏差/豁免进行评审；

在 CDR 评审后，应制订项目 CDR 整改、复审计划，具体包括：

a. 对重点行动项的响应；

b. 对经批准的"更改方案"或设计错误而必须做出的设计进行更改；

c. 更新选型和产品交付计划数据；

d. 最新的设计信息（如适用）；

e. 内部测试期间获得的结果，包括遇到的问题和已执行或拟提出的解决办法。

6.1.2　描述

CDR 通常是对系统详细设计的综合性审查。理想情况下，应在实施阶段之前进行，以确保系统/子系统设计描述中反映的详细设计解决方案已经稳定。实际上，通常 CDR 评审通过后即可启动实施阶段。

具体来说，应在产品生产制造之前，进行各构型项相关的 CDR，以确保硬件设计文档、软件详细设计文档、数据库设计文档、接口控制文档和工程图纸中所体现的详细设计解决方案，能够满足硬件开发规范和软件顶层设计文档确立的要求。

对于复杂/大型的系统构型项，CDR 可逐渐增加，即相对于单次 CDR 而言，可以进行渐进式的多次评审。此外，还应从设计、制造、成本和进度角度，对各构型项相关的技术项目风险进行总体评审。

6.1.3　准入标准

进入 CDR 前需考虑设计活动中的所有主要要素，如果某个要素是项目风险的主要推动因素，则需重点考虑。其目的是表明已取得有效进展，从而能够满足成本、进度和性能要求。准入标准可包含但不限于以下项目：

a. 基于构型管理过程完成系统需求规范（SRS），无未决项目、待定（TBD）项目，而且已制订解决方案；

b. 完成基于构型管理过程的系统级-子系统-部件需求的分解，完成由部件到子系统，直到构型项传递的需求追溯说明，且与系统基线保持一致；

c. 基于构型管理过程完成内部系统 ICD，无未决项目、TBD 项目，且已制订解决方案；

d. 系统间 ICD 已完成且受控于构型管理，无 TBD 项目；

e. 完成基于构型管理过程的电磁兼容性（EMC）和射频干扰（RFI）规范；

f. 完成功能流程框图；

g. 已对新部件和子系统执行硬件设计分析；

h. 符合预期用途的 COTS 和传统算法已复验生效；

i. 已发布适当的软件版本，记录详细的软件构架，涵盖所有规划的软件（包括其主要功能、关键输入/输出）；

j. 所有的构型项（CI）和 CI 接口图纸均接受构型管理，CI 中所有重要的图纸均已完成；

k. 详细的电气、机械和功能原理图和大部分图纸均已完成（包括子系统和系统内及子系统和系统间的详细方框图、接口控制图纸）；

l. 完成设计与需求的符合性分析和裕度分析；

m. 已确定通信数据列表和数据格式；

n. 完成 FMEA、可靠性分析、EMC 分析、机械环境分析（声学、振动）、内存利用率和数据总线加载分析等；

o. 已确认所有任务阶段的电源供电品质、能源平衡；

p. 已制订系统级别试验和现场试验的集成与试验计划，并已完成部分关键性试验，如功能、性能试验；

q. 完成审定试验计划和程序；

r. 完成可信的设施手册评价；

s. 制订系统安全策略。

6.1.4 评审内容及准出标准

CDR 评审内容涵盖以下各个主要方面，以下详细的准出标准定义了成功完成 CDR 须达到的最低要求。

1）系统需求与接口

a. 对操作、维护和培训要求的更新已完成，且已在部件或子系统规范中明确规定；

b. 对可靠性、可维护性和可用性的要求更新已完成，且已在部件或子系统规范中明确规定，并同时适用于软硬件；

c. 对可支持性的要求更新已完成，且已在部件或子系统规范中明确规定，并同时适用于软硬件；

d. 安全要求的更新已完成，且已在部件或子系统规范中明确规定，并同时适用于软硬件；

e. 部件或子系统规范包含所有适用的安全标准；

f. 对信息安全保障的要求更新已完成，且已在部件或子系统规范中明确规定；

g. 部件或子系统规范包含所有适用的信息安全保障标准；

h. 对人机系统集成（HSI）的要求更新已完成，且已在部件或子系统规范中明确规定，并引用了所有适用的标准；

i. 对与外部的及内部部件之间的互操作性要求更新已完成，且已在部件或子系统规范中明确规定，并引用了所有适用的互操作性及开放系统标准；

j. 对裕度的要求更新已完成，且已在适用于所有计算机资源的部件或子系统规范中明确规定（例如，内存和存储容量、处理器吞吐量和通信带宽）；

k. 已根据基于选定的软件生命周期模型制订的软件开发计划中要求的完整度水平，对硬件和软件要求（包括接口要求）的更新做出了规定；

l. 更新的要求（包括接口要求）均正确、完整、一致、可行、可验证，表述清晰；

m. 更新的要求（包括接口要求）可跟踪，并全面执行了其上一级要求。

2）系统运行要求

a. 最新的运行要求包括详尽阐述的一般和异常情形；

b. 最新的运行要求包括确定操作和维护人员配置，如人数、技能、角色、职责和岗位，且与系统和软件架构一致；

c. 运行要求的更新已充分反映在系统或子系统架构中；

d. 运行要求的更新包括与外部接口系统的信息交互；

e. 运行要求的更新包括运作负荷情形。

3）架构与设计

a. 已根据所选生命周期模型，将最新的每个构型项的架构和设计定义到开发计划要求的成熟度水平。

b. 最新的每个构型项的架构和设计将支持所分配的部件、子系统、软件和接口要求。

c. 最新的软件架构视图包括物理、逻辑、行为（用户）视图，这些视图应正确、完整、一致、清晰、明确。

d. 最新的架构和设计可满足部件、子系统、软件和接口要求。

e. 每个构型项的设计已细化到板卡级别，符合开发计划和所选择的生命周期模型。

f. 每个构型项的设计正确、完整、一致、清晰、明确，并充分解决了以下问题：

a）所有外部和内部接口的详细设计；

b）所有文档、数据库、共享内存等以及它们的存储和访问方法的详细设计；

c）用户接口和人机交互的详细设计；

d）待使用的每个构型项的来源；

e）所选择的硬件及软件产品与安装/构型设计决策；

f）COTS 以及重新搭配使用硬件和软件产品的详细设计；

g）异常情况处理及恢复方法的详细设计。

g. 各硬件和软件项目的设计按照所有的适用标准正确执行。

h. 最新的架构和设计充分考虑使用开放系统标准并满足所有适用的互操作性相关要求。

i. 最新的架构和设计在整个部件及外部和内部接口中充分考虑适用于操作、维护和培训的端到端处理。

j. 最新的架构和设计充分支持运行数据库管理和控制。

k. 选定的计算机资源（例如处理器、高速缓存、存储器、总线、网络）的更新适当整合到最新的系统和软件架构中，并满足所分配的部件、子系统、软件和接口要求。

l. 最新的架构和设计符合每个状态和模式相应的功能和性能要求。

m. 最新的架构和设计从硬件和软件角度充分满足了可存活性要求和耐用性要求。

n. 最新的架构和设计充分支持保障性，包括集成的硬件-软件诊断、故障检测、隔离、定位、恢复报告和维修。

o. 最新的架构和设计充分支持分配给硬件和软件子系统的可靠性、可维护性和可用性要求。

4）工程分析

a. 通过工程分析对系统的最新功能分配进行了充分的合理论证；

b. 通过工程分析对部件、子系统及硬件和软件之间的最新功能分配进行了充分的合理论证；

c. 最新的工程分析充分证明，硬件和软件架构与设计，以及所选的计算机资源（硬件和软件）可满足关键性能参数（KPP）要求，包括响应时间和进度表要求；

d. 更新的可靠性、可维护性和可用性分析符合架构和设计以及已选定的资源（硬件和软件）要求，而且包括适当的软件分配；

e. 最新的安全、信息安全保障、人机系统集成分析与架构设计以及所选的资源（硬件和软件）一致，并适当包含软件的贡献；

f. 最新的工程分析和权衡研究充分支持系统软硬件的架构和设计决策，并适当考虑已选择的底层辅助资源（硬件和软件）；

g. 最新的工程分析和权衡研究表明，通信链路（包括潜在的增长裕度）足以满足所有通信要求；

h. 最新的人因分析和权衡研究（如可操作性、操作负荷分析）表明，架构和设计以及所选的资源（硬件和软件）允许操作人员在要求的时间内完成各自的任务；

i. 最新的性能分析证明，软件架构和设计以及所选的资源（硬件和软件）能够在生命周期内借助该方面的足够裕度满足性能要求；

j. 最新的工程分析及权衡研究证明，架构和设计及已选定的资源（硬件和软件）可满足生命周期当前阶段的性能要求，且有充分的余量；

k. 以上所有分析均考虑了现有硬件及选定硬件上的软件（例如样机、早期构建版本）的实际性能；

l. 已通过最新的工程模型和仿真证明系统设计的合理性，包括软件即将采用的算法。

5）建模与仿真

a. 系统开发计划充分解释了为建模和仿真而开发的软件，包括流程、方法、工具和环境。

b. 确定了系统和软件工程流程、方法、工具和环境，以充分支持生命周期当前阶段的建模和仿真开发活动。

c. 按照生命周期当前阶段的要求和预期用途开展了充分的建模和仿真活动，包括：

a）已定义和记录模型和仿真要求；

b）已开发或采购模型和模拟器；

c）已验证模型和模拟器；

d）模型、模拟器及其相关文档接受构型控制；

e）已制订未来的建模和仿真活动计划，与其他系统和软件开发活动一致。

6）集成和验证

a. 系统间集成和验证计划已完成更新；

b. 按照系统集成和验证计划的完整性要求执行了系统间集成和验证活动；

c. 最新的系统、子系统、部件验证计划满足所有的开发、维护、运行和培训需求所必须达到的子系统间测试环境要求；

d. 按照生命周期当前阶段的要求为子系统间测试环境开发或采购了必需的硬件、软件和设施;

e. 子系统间测试环境使用前的验证计划已完成更新,同时按照生命周期当前阶段的要求进行了合理的验证活动;

f. 按照生命周期当前阶段的要求为验证子系统间测试环境开发或采购了必需的硬件、软件和设施;

g. 与外部系统之间进行系统、子系统、部件和子系统集成及验证的计划已完成更新;

h. 按照生命周期这一阶段的要求为与外部系统之间进行的系统、子系统、部件和子系统集成及验证开发或采购了必需的硬件、软件和设施;

i. 按照生命周期当前阶段的要求和所选择的软件开发生命周期模型,已完成软件集成和验证计划和规程的更新;

j. 按照所选择的软件开发生命周期模型,执行了部件、子系统、软件和接口集成活动,并按软件开发计划和集成与验证计划的要求充分验证了其相关要求;

k. 记录了需求验证状态,执行构型管理,并正确反映了迄今为止的所有层级要求(从系统到软件)的验证结果,包括仅获得部分验证的要求的状态,验证状态与验证结果相关联(即检查、分析、测试或演示报告)。

7) 指标和技术性能参数

a. 记录了对选定参数的最新定义,这些定义清晰、正确,包括触发纠正措施的合理阈值;

b. 最新的指标足以满足项目和工程管理的信息需求,同时汲取了迄今为止的指标方面的相关经验教训;

c. 按照生命周期当前阶段的要求,收集、分析、报告指标,并将其用于管理决策,包括风险管理;

d. 确定了适当的纠正措施,以解决所记录的阈值之外的指标所指出的根本问题;

e. 供应商已经证明，对于指标或阈值之外的指标或关键性能参数，已经启动纠正措施，并进行管理，跟踪直至关闭。

6.1.5 转段要求

要实现 CDR 转段，除达到上节要求的准出标准外，以下项目管理的标准也必须达到。

1）风险管理

a. 最新的风险评估包含对以下软硬件风险的评估（如适用）：

a）与规模和复杂性相关的风险；

b）与软硬件需求分配相关的风险；

c）与硬软件架构及设计相关的风险；

d）与资源的选择和使用相关的风险；

e）与计算机资源增长余量相关的风险；

f）与计划相关的风险；

g）与开发、集成、验证流程和工具相关的风险；

h）与数据库填充、更新、控制和验证相关的风险；

i）与软件和计算机硬件技术相关的风险。

b. 最新的风险管理计划是更新版系统工程计划的一部分，与更新版系统风险管理计划合为一体。

c. 已证明一个有效的项目风险管理流程（包括风险管理流程）正常运作。

d. 已建立有效的风险处理计划，并按照计划开展风险处理活动。

2）项目生命周期成本和进度

a. 通过实际数据（来自当前项目和历史数据）对成本模型进行校准，并将模型用于更新成本和进度估算；

b. 记录了现实的成本驱动因素（如复杂性等参数）以及假设条件，利用记录的项目数据进行了验证，并应用成本模型进行更新成本和进度估算；

c. 最新的生命周期成本估算充分包含硬件和软件支持；

d. 最新的生命周期成本估算包含了所有的任务，如 COTS 集成和更新、知识库和数据库填充；

e. 最新的成本和进度估算有足够的余量，可覆盖此阶段的估算风险；

f. 最新的生命周期成本估算与系统和子系统架构一致；

g. 最新的构建计划可行，与系统和子系统架构及设计一致，并符合系统、子系统和项目进度。

3）工程和管理计划

a. 最新的系统工程和项目管理计划充分支持跨子系统和部件的硬件和软件相关活动，例如数据库填充、更新、控制和确认；

b. 最新的系统工程和项目管理计划与最新的主集成计划（IMP）及其他管理和工程计划一致；

c. 最新的 SEP 支持完整的软件开发生命周期；

d. 最新的 SEP 描述了一组一体化的流程、方法、工具和环境，涵盖所有的软件团队成员，适合域操作，且与项目的范围和复杂性相协调；

e. 现有和规划的软件工程环境与所有团队成员的系统工程环境相整合；

f. 最新的 SEP 描述了所选择的开发生命周期模型，这些模型具有可行性，适合项目范围和适应项目复杂性，并统一面向所有团队成员；

g. 最新的 SEP 规定了所有硬件和软件团队成员的软件组织角色和责任；

h. 记录并验证了全生命周期内使用的流程、标准、规程和惯例，且与 SEP 一致。

4）项目流程和状态

a. 对于 CDR，主集成计划结果完全符合他们的完结标准；

b. 供应商已经证明，实施方按照生命周期当前阶段的要求遵守了他们的工程和管理流程、标准、规程和惯例；

c. 按照生命周期当前阶段的要求，系统工程、软件工程和管理环境充分支持他们的相应流程以及在供应商组织内外的整合。

6.2 子系统和部件测试准备

6.2.1 目的

此活动的目的是为子系统和部件准备测试过程。主要包括：

a. 规划测试过程，以指定执行和管理这些测试所需的要素；

b. 准备执行各种测试的基础设施；

c. 为所有相关的子系统和部件编制测试大纲；

d. 创建一个测试文档库或测试数据库，当累积了足够测试数据时，方便向相关方提供测试结果。

6.2.2 描述

在产品实施阶段测试子系统和部件是系统研制过程中不可分割的一部分。它通常不是独立的活动，而是与设计并行执行的。例如，在构建嵌入式部件时，开发团队首先构建硬件，编写软件代码，并将两者集成到一个产品实体中。同时，测试团队规划测试过程，设计和构建测试用例，开发进行测试所需的基础设施。然后，测试团队对提交用于正式测试的部件执行实际测试。最后，评估并报告被试件的总体质量和构型完整性。

子系统和部件的测试准备是测试活动的基础。这些准备活动紧密相连，与执行过程有时也是迭代的。它们包括规划测试过程、构建测试条件、设计测试用例和创建测试文档等。测试准备必须考虑不同产品的差异和相关测试用例的不同，包括测试用例、测试数据、期望值、实际值、其他测试和技术参数的收集和存储，以及有关数据库访问权限和资源分配的规则。

测试计划文档应明确规定分包商开发的产品和商用货架产品（COTS）所需的测试等级。一个有限包容的政策将只要求对分包商产品的测试文档进行审查，并且可能在没有任何功能测试的情况下接受 COTS。

1）计划测试过程

计划测试过程是一项重要的管理和技术活动。一旦完成，就可以设计、构建和管理测试用例。在测试开始之前，必须为开发的系统和使能产品的每个测试项建立测试环境。为了测试子系统，必须实现仿真环境或测试框架。如果系统部件测试是自底向上进行的，那么通常只需创建一个测试程序，该程序将为被试件提供已建立的测试数据。一个合适的测试框架的实现是测试广泛自动化的前提。

由于嵌入式系统与其应用环境的紧密交互，以及是在主机-目标环境中开发的，提供测试环境比传统软件系统更困难。例如，目标系统是与软件开发并行创建的，抑或是必要的硬件只存在于客户的场所（因为它是作为更广泛的系统的一部分永久安装的），则在上述情况中不可能对目标系统进行早期测试。当系统测试可能对人、财产或环境造成危险时，只有借助于昂贵的安全措施，才能对目标系统进行广泛的测试。在所有测试成本高昂或极度危险的情况下，就十分需要测试能够在尽可能接近实际主机系统的环境中进行。为此，需要用综合仿真环境代替系统进行测试。

目标系统往往装备不足，这一事实使测试更加困难。目标系统如果缺少存储介质，只能通过在主机和目标系统之间搭建特殊的通信机制来存储实际值或监控结果。

除了对测试过程中积累的数据进行管理和提供测试环境外，测试组织还应确保测试尽可能具有可重复性，以便在对系统进行更改后，可以方便地进行回归测试。复现相同的测试场景，需要相当多的准备及测试实施。

2）建立测试基础设施

测试基础设施是在物理测试过程中进行测试的基础环境。有时，测试基础设施可以是一个普通的办公环境：办公桌、电源插座、计算机等。然而，通常测试基础设施必须为测试项目提供多种类型的支持，包括支持环境、机械、电气、化学、计算和其他接口的专用工具。测试基础设施的规划和构建涉及许多考虑要素。以下是其中一些：

a. 硬件和软件设施。必须决定基础设施所需的特定硬件和软件（以及工具）。这个问题自然与测试的基本性质有关，测试可以是手动的，也可以是自动的。一般来说，手动测试的基础设施更适合于测试工作量小的系统。相反，测试大量类似测试项目（包括嵌入式部件）所需的基础设施应支持自动测试。

b. 商业考虑。在设计测试设施时，商业考虑是最重要的。硬件、软件和工具的初始购买或开发成本可能超过可用预算，从而影响系统采购。在这些情况下，应该考虑使用 COTS 设备，重用以前的测试设施中可用的测试设备或其他创新但可靠的测试替代方案。测试基础设施的维护也是一个重要的考虑因素。因为基础设施的设备可能时不时地出现故障，而且，被试件品的特性可能会改变，因此必须相应地更新基础设施。

c. 标准化和模块化。基础设施需考虑标准化和模块化问题。从长期的复用的角度考虑，使用基于标准接口的模块化部件是最佳的基础设施设计方案。

d. 安全考虑。有时，在测试基础设施规划中忽略了安全问题。事实上，多方面的测试设施可能会出现危险情况，危及测试人员和测试区域内其他人员的安全。作为测试基础设施规划和设计的组成部分，测试设计者应咨询安全专家。

e. 安全性和可靠性。基础结构的安全性和可靠性，特别是与嵌入式系统相关的安全性和可靠性，有时也是一个被忽视的领域。测试工程师应该认识到安全威胁，例如黑客、使用阴谋的竞争对手、不满的员工和其他可能通过测试基础设施攻击系统的人。同样，系统测试报告只应在受限的范围发布。例如，竞争对手、客户甚至供应商的一些工程师不应该知道这些信息。对于包含有关真实人物的私人信息的系统，根据法律，这些信息必须远离公众（包括组织内的人员）的视线。因此，测试基础设施的设计和构建必须支持隐私要求。

不同的测试目标规定了不同的测试基础设施，例如，一些"特殊用途"基础设施如下：

a. 负载/容量测试基础设施。此类基础设施支持系统性能的非功能需求验证。例如，它支持验证系统在定义的环境条件下以及在高峰条件下处理预期负载和容量的能力。此外，还可以测量系统的长时间运行过程，以评估系统是否在指定的可接受参数内运行。通常，测试基础设施将向系统呈现多个负载场景，并监视系统处理各种测试负载的能力。

b. 射频/电磁干扰/电磁兼容测试基础设施。创建该基础设施的目的是在嘈杂的射频（RF）环境中验证试验品的电磁兼容性（EMC），换句话说，外部电磁干扰（EMI）如何影响试验品的正常功能，以及试验品如何通过辐射影响其他系统部件或环境。

c. 环境测试的基础设施。这是一个试验基础设施，用于验证试验品在极端环境条件（如热、冷、冲击、振动、湿度、雨水等）下的行为。由于环境测试的基础设施昂贵，而且只在特殊情况下才需要，大多数组织使用外部设施或试验室进行环境测试。这些设施或试验室提供广泛的专业试验和分析服务。使用外部组织的另一个优势是，正式认可的测试增强了测试结果的有效性。

测试工程师应该记住，测试基础设施是"达到目的的手段"，目的是提高找到潜在故障的概率。这样做的目的是在客户发现故障之前先找到故障。此外，测试工程师必须记住维护测试基础设施的成本。还必须维护添加到基础设施中的每一个软件或硬件。由于经过测试的产品将不可避免地随着时间的推移而发生变化，因此基础设施的设计应该能够进行更改和扩展。

3）设计测试用例

测试用例由一组测试数据、测试用例执行所必需的附加条件（如触发事件，即指定输入情况出现的时间）以及输出参数的预期值组成。

应该为每个测试项目创建测试用例。它们反过来指导子系统或使能产品的测试。因此，测试设计者应该考虑到测试计划中关于测试策略和测试目标的规定。如果为测试用例指定了某个内部系统状态，则应提供额外的数据，以便在执行实际测试之前将子系统设置为所需的操作模式。

测试用例定义应该明确说明测试的目标，例如，某个系统功能的执行、内部结构的覆盖或某个状态或模式的实现。此外，必须为每个测试用例定义验收标准，以便可以实现明确的合格/不合格判定。

测试用例设计决定了测试的质量，因为选择应用于测试物品的测试数据决定了测试的类型、范围和性能。如果忽略或忘记了与系统特定方面相关的测试用例，则检测系统中现有错误的可能性降低。

值得一提的是，测试用例可以分为白盒测试和黑盒测试。使用白盒方法的测试用例设计倾向于关注测试物品的内部结构。然而，总的来说，白盒测试不考虑被测物品的功能，因此不能认为被测物品是完全验证的。相反，黑盒测试方法常常忽略测试物品的内部结构，试图发现其功能行为中的错误。因此，白盒测试和黑盒测试都应规范地用于工业实践。

4）创建测试文档基础结构

测试计划包括对测试策略、目标的深入解释，以及对测试计划和组织的所有进一步设置的详细描述。测试结果还包括被测试的对象列表（如开发版本）、相应的测试环境和相应的测试方法。测试用例应记录测试数据、预期值或验收标准以及实际值。测试结果的处理方式使得预期值和实际值之间的差异，以及功能性和非功能性需求都能清楚地显示出来。结果表明，该方法能方便地评价测试目标的完整性，并能对检测到的误差进行统计归纳。

应收集、整理并提供上述所有信息和更多信息供审查。归档这些信息也很重要，因为它可以成为系统升级或新的类似项目的基础。

6.3 供应商子系统测试文档评估

6.3.1 目的

评估子系统测试文档是验证交付的子系统是否经过充分测试的关键步骤，以确保子系统性能符合规定的要求。

6.3.2 描述

一个复杂的系统通常包括子系统和部件。这些子系统和部件具有多种形式，例如，机械设备、电子硬件、固件、软件、化学或物理过程以及它们的各种组合。因此，所涉及的测试类型和生成的测试文档可能因子系统而异。另一个考虑因素是特定子系统的成熟度。例如，如果购买的子系统已在各种环境条件下广泛应用或已经过充分的测试，则其性能文档可能与新设计的子系统或服役经历很少的子系统所需的性能测试数据具有非常不同的特征。

应审查测试数据，以验证子系统是否符合其设计规范要求。对于软件，应就软件测试报告的有效性和完整性达成技术共识，并视情况了解使能产品，如培训模拟器、各种手册（如操作手册、软件用户手册、系统诊断手册）、子系统包装等。

对于某些子系统产品，特别是有不良性能记录的产品，测试文档的评估是子系统验收的前提。对于较新或较复杂的子系统，该评估可在整个子系统开发过程中逐步进行，并最终完成子系统的质量测试。质量测试应在子系统上进行，该子系统代表将发布用于生产的配置（原型或预生产）。未生产样机或者试生产品的，应当对第一件产品进行评审。对于只有通过综合系统测试才能确定子系统质量的情况，在完成综合系统测试之前，对此类子系统的评审将视为不完整。

6.4　接收试验验证

6.4.1　目的

这项活动主要通过对子系统执行接收试验程序（ATP），并使产品能够对测试品执行指定的动态测试，收集、保存和分析测试品的参数和行为，根据预期行为评估这些值，以确定测试是否通过或检测到故障（黑盒目标）。此活动的次要目标对象是硬件或软件部件。硬件部件需要在装配和制造质量方面进行测试。而嵌入式测试件中的软件则需要根据其复杂度进行评估。

6.4.2　说明

在测试子系统、部件和使能产品的过程中，使用在测试用例设计过程中建立的测试信息进行测试。测试结果是生成实际测试值，并且可以确定、监视、记录测试品的动态行为，并将其与预期值和行为进行比较。此外，硬件部件还将在组装和制造质量方面进行测试。同样，软件代码嵌入部件和子系统中进行分析，以发现错误并评估覆盖率和可读性。如果没有发现错误并且满足覆盖率和可读性标准，则可以进一步测试软件。下面将更详细地描述测试过程：

1）执行测试过程

在完成测试用例的设计和准备之后，使用所选的测试数据来执行测试用例。此活动称为"测试执行"。为参数输出实际测试值并保存，以供日后评估。

前面在测试计划的描述中解释过，在实际应用环境中对目标系统进行的测试应该尽可能广泛合理，以便能够考虑到测试对象的所有质量。只有在目标系统上，才能真实地测试实际应用环境中的功能性和非功能性程序行为，并识别系统硬件和软件相互作用中的错误。

由于开发的系统及其使能产品高度专业化，并且它们与实际应用环境紧密结合，商业测试工具在这一过程中的作用有限。内部开发需要耗费大量时间和成本，只可能用于大型项目。通常目标系统缺少存储测试信息的介质。此外，在测试执行期间对测试人员的干预进行调节或控制是昂贵和耗时的。提供具有测试数据容量的测试品本身可能会变得昂贵和耗时。因此，如果实际的应用程序环境在子系统和部件测试期间不可用（通常是这样），则有必要实现广泛的环境模拟。

2）监控系统测试过程

监控测试执行情况，并收集适当的测试数据。必须观察和记录试件的行为，以便在试验评估期间比较预期值和实际值，并识别与规定行为的偏差。为此，必须提供实现监控的硬件或软件基础设施功能，以便记录过程。通常使用一种嵌入式监控技术，该技术注册和记录内部系统信号。这些嵌入式功能还可以在系统使用和维护阶段充当诊断支持角色。对于大型项目，也采用外部硬件监视器和逻辑分析仪。

如果一个产品系统，本身就被仪器化，以执行某些附加的测试功能（如物理特性、时间历程测试），则可能会出现潜在问题，这些问题被称为"探针效应"。"探针效应"会在一定程度上改变系统的行为。因此，某些测试应该使用不利用产品本身的测试仪器。或者，从一开始就在测试文档中，集成必要的测试过程监控，从而尽可能早期发现问题，来避免"探针效应"。只有当证明目标产品系统有足够的能力处理这个额外的测试装置时，该系统才是可行的。对于系统级评估，此类系统自带的永久性仪器具有额外的优点，可用于进一步记录系统运行过程，以方便运行过程中的系统测试。

3）根据预期值评估系统测试结果

在测试评估过程中，将实际值和预期值以及实际和预期行为进行比较，同时考虑到确定的验收标准，从而确定测试结果。必须做出合格/不合格决定，并记录测试过程中被试件的行为。如果演示的行为与预期目标不一致，则会出现错误。错误可能由三个来源引起，测试工程师必须认识到这一现实：① 被试件确实有故障；② 测试用例不存在对预期值或预期行为的错误预测；③ 由于测试设计中的错误或测试执行中的错误，测试过程没有完全按照预期发生。如果测试未能达到既定的测试目标和所需的测试标准，则也是一个错误。如果在测试计划期间定义的测试目标尚未通过测试实现，则可能需要用额外的测试用例来补充测试。

4）执行静态测试分析

该活动通常适用于硬件和软件部件。建议在部件可用于测试时立即执行静态硬件评估。这可以通过简单的检查手动完成，也可以使用商用工具（例如，线束测试工具、印刷电路板测试仪）自动完成。建议在源代码可用时立即执行静态软件分析。这样，在功能验证之前就可以检测到问题，这自然是更昂贵的。当代码大部分是手工编写的时，建议执行此活动；但是，不应以这种方式评估由经过认证的代码生成工具自动创建的程序。

6.5　基于仿真的系统性能评估

6.5.1　目的

该活动通过模拟最终完整系统运行子系统或部件的环境，测试子系统或部件在其中的虚拟实现，从而确定子系统或部件是否符合设计规范。根据各种可能的输入和环境条件及早确定完整的系统性能，并确认部件和子系统规范完整无误。

6.5.2　说明

仿真模型允许在不同的阶段对系统实现进行虚拟测试，包括从系统概念到实现的各个阶段，通常是在部署和维护阶段进行。虚拟样机的基本思想是支持复杂系统的开发。仿真的主要目的是利用计算机模型研究所开发系统的操作和控制。此外，可以使用层次模型的集合来模拟实现阶段中涉及的产品运行时序，从而更容易地识别问题的可能来源。

在实现阶段，可以预期仿真模型几乎完全是虚拟模型，也就是说，几乎没有实际的系统硬件和软件可用，例外情况是系统的早期版本已经开发，甚至可能已经部署或退役。用虚拟模型进行仿真只能得到一定的近似结果。这就是为什么虚拟原型不能替代真实的物理原型或开发的原型。然而，仿真可以支持系统的并行开发和设计过程，无论是纯硬件、软件还是它们的组合。随着系统开发的进展，虚拟模型逐渐被早期的物理和实际部件以及子系统原型所取代。在这一点上，仿真变得更有意义，所做的测量可以被认为是更现实的。因此，设计优化的决策将有一个更真实的基础，风险可以更准确地评估。

在开发的后期，可以探索系统对不同加载条件和操作环境的响应。这样可以更深入地了解系统行为，并更快地对意外或不需要的响应选择可能采取的纠正措施。在系统开发的这个阶段，应该足以允许创建相当详细的系统模型，同时结合在前几个阶段使用简化或部分模型已经获得的经验。如果从一开始就采用层次建模的方法，那么建模的人力和时间成本应该保持在一个较低的水平；否则，由于已经达到了成熟的技术阶段，虚拟系统的复杂性可能会导致非常昂贵的建模工作。如果设计环境允许不同工具之间的集成和信息共享，则可以降低高建模成本。

6.6　设计与实现一致性验证

6.6.1　目的

该活动的目的是验证测试件的设计与其实现之间的一致性。如果发现矛盾，则需要确定设计或实施是否为对需求的正确响应。

6.6.2　说明

该活动要求对设计与实现进行比较分析。分析将指出所实现的测试项目是否已根据当前设计进行构建，如果没有，则说明设计或实现是否需要更正。

在某些领域，特别是在软件领域，设计和实现在术语上的差别似乎意味着在一些细节（设计）和完整细节（实现）之间的连续统一体中有不同程度的抽象。然而，仅仅细节的数量不足以描述差异，因为设计文档通常包含着在实现时不明确的信息（如设计约束、标准、性能目标），以至于由于遗漏细节而产生差异。因此，我们期望找出差异是定性的还是定量的。

测试件的设计和实施之间的比较分析应力求找出两者之间的差异，如果发现差异，则应试图找出正确和错误的差异。分析应包括以下方面：

a. 设计决策。评估测试品的设计和实施，包括它接受的输入和产生的输出，对每个输入或条件的响应行为和非法输入的处理，满足可控降级、安全、安保和隐私要求，以及软、硬件部件的架构选择。

b. 系统部件。评估测试品的设计和实施，涉及测试品的部件及与其他部件的关系，与分配给它的需求相关的每个部件的目的，以及计算机硬件的任何集合的计算机资源数据。

c. 执行。评估测试品的设计和实施，涉及其部件之间的运行概念。

d. 接口。评估测试品的设计和实施，涉及每个部件的接口特性，更具体地说，是每个内部和外部接口以及与之相连的部件及其特性。

6.7　接收试验评审

6.7.1　目的

子系统和使能产品的接收试验评审（ATR）的目的是确保指定部件、子系统和使能产品的测试已圆满完成。另一个目的是从技术上了解测试结果以及测试文档的有效性和完整性。

6.7.2 说明

该评审可以是一种非正式的评审，通常在部件、子系统和使能产品的测试完成后进行。它通常发生在实现阶段的后期。子系统和使能产品测试评审应确定测试过程是否按照测试计划文档以及适当的测试用例进行。有时需要进行几次这样的审查，以便正确评估项目中的整套部件、子系统和使能产品。一方面，进行多个评审的优势在于，每个部件、子系统或使能产品都是独立评审的，并且只要通过了各自的功能测试。另一方面，当有多个评审时，应进行最终接收试验评审，以评估整个部件、子系统和使能产品集成的整体互操作性。

如前所述，测试计划文档应明确规定分包商开发的产品或 COTS 所需的测试等级。一个有限包容的政策将只要求对分包商产品的测试文档进行审查，并且可能在没有任何功能测试的情况下接受 COTS。需要确认与验证团队参与评审，以确保评审期间完成以下活动：

  a. 验证测试计划文档是否经过审查；

  b. 验证用于进行部件、子系统和使能产品测试的相关测试用例设计文档是否经过审查；

  c. 验证已仔细审查了测试结果的文档中所述相关测试期间获得的结果；

  d. 验证需求及其相关部件、子系统和使能产品测试之间的可追溯性是否已得到评审；

  e. 确认所有测试限制（例如，未进行的测试、失败的测试）及其相应的未经验证的能力均已确定和审查，并制订了明确的行动计划来处理所有此类未决问题；

  f. 验证所有已知的部件、子系统和使能产品问题，以及测试硬件和软件基础设施和工具问题已被识别和审查。

7 试制与验证阶段的确认与验证

在完成飞机及系统架构定义、系统详细设计等工程研制活动后，在产品试制与系统集成过程中，有必要针对之前制订的完整有效的确认计划及确认矩阵，（在产品实施之后）进一步明确部分需求的确认范围和方式，这一部分的确认往往是通过对产品实物的测试来完成，最终通过专业领域内的同行评审来完成需求确认。

试制与验证阶段的验证工作，主要是对实际的产品进行试验验证，明确验证执行不同功能的系统之间的相互影响，尤其要考虑单独和多个功能丧失或异常时，对飞机、机组及乘客造成的安全性影响。通过执行集成验证规划、供应商验证分析、交联试验等，结合对适航条款的追溯，完成有效的验证活动来保证验证过程的有效性。

该验证环节主要目的是验证关键需求和场景的符合性，这类关键需求多来自安全性和共模分析等环节。在验证任务前须由高层级设计人员制订覆盖低层级设计要素的验证内容和方式。每个层级要求的验证过程都有所区别：低层级要求细化部件功能验证，高层级要明确过程和场景，通过验证平台和飞机的集成验证过程形成验证结果。各类验证需求和场景设计由低到高逐层满足追溯性。

验证并不是一个短期的过程。它是在不同的功能和集成范围逐层进行的，由低层级的系统集成到高层级的飞机集成。过程的管控是验证的重要环节，要实现复杂系统的验证，必须在早期就制订好合理的验证计划。

7.1　飞机和系统集成试验计划编制

7.1.1　目的

该活动的首要目的是制订完善的系统集成试验计划（SysITP）。该计划指导验证过程，使每个部件、子系统和使能产品集成在给定的系统中，并按预期工作。该计划的目标是确保在系统功能试验之前，没有仍未解决的重大接口问题。

7.1.2　说明

SysITP 记录了验证部件、子系统和使能产品逐步集成到整体功能系统中所需的试验项目。该计划有助于确认与验证团队理解试验集成活动的逻辑顺序，并协助项目管理人员跟踪集成过程的进度。该计划的结果是，在系统移交进行系统功能试验和验收试验之前，所有相关方就如何进行达成一致。以下是建议的 SysITP 的主要文档结构。[21]

系统集成试验计划

第 1 节：范围

1.1：标识。需进行集成试验的系统的完整标识。

1.2：系统概述。对需进行系统集成试验的系统进行简要说明。主要描述系统、硬件和软件的组成情况；概述系统操作和维护，并说明项目的主要利益攸关方（例如，系统研制的发包方、承研单位、系统用户、开发人员、支持组织等）。

1.3：文档概述。概述本文档的目的和内容。

1.4：与其他计划的关系。本文档与相关项目管理计划的关系说明。

第 2 节：参考文档

本节应列出本计划中引用的所有文档。

第 3 节：集成试验策略

本节应描述整体的集成试验策略。包括验证子系统集成是否按预期执行所需的集成试验以及试他们预期的结果。在较低的层次上，这些试验可能侧重于测试给定子系统中部件之间的接口。随着更多的系统组合在一起，测试将侧重于子系统之间以及系统与环境之间的接口。

3.1：集成试验的入口标准。在开始集成特定部件之前必须满足的条件。

3.2：集成策略。集成方法（如自上而下、自下而上、功能分组）和选择该方法的基本原理。

3.3：子系统集成顺序。

3.4：集成试验退出标准。确定集成试验已完成的标准。此外，本节应描述在集成结束时运行的最终功能试验结果，以验证系统的整体功能，确认系统已成功集成，并且系统已准备好接受功能和验收试验。

第 4 节：集成试验基础设施和物流要求

4.1：所需工具和测试设备。完成系统集成试验所需的所有工具和试验设备的列表。例如计算机工作站、测量设备和主机操作系统。

4.2：参与的组织和人员。描述参与系统集成试验的组织以及每个组织的角色和职责。此外，本小节还应确定试验期间所需人员的数量、类型和技能水平，所需的日期和时间，以及确保试验程序连续性和一致性的任何特殊需要。

第 5 节：集成试验计划

5. $x(x = 1, 2, \cdots, N)$：计划中含 N 个需要集成和试验的子系统。此外，本小节应包括以下内容，以描述计划试验的范围：

• 试验类型。将要执行的试验类型或类别（如功能试验、接口试验、时间测试、错误注入试验、加载试验）。

• 一般试验条件。描述适用于所有试验或一组试验的条件。

• 数据记录和分析。试验过程中和试验后使用的数据记录和分析方法的标识和说明。

• 试验等级。执行试验的级别，如系统内的子系统级别或外部环境内的系统级别。

第6节：试验计划

本节应包含或参考本计划中确定的进行试验的时间表。

第7节：需求可追溯性

本节应包含从本计划中标识的每个试验到子系统需求的可追溯性，反之亦然。

7.2 飞机和系统集成试验环境建立

为了对最终产品实施验证，通常需设计和建造一个系统集成或机上地面集成的试验环境。这些试验环境一般包括承担试验室试验的系统集成试验环境和承担机上地面试验的机上地面集成试验环境。

7.2.1 系统集成试验环境

建立系统集成试验环境的目的是通过在试验室构建虚拟系统环境和真实系统环境的混合环境，进行飞机和系统集成期间及之后的系统验证活动。

民用飞机的试验室系统集成试验环境，一般包括航电系统综合试验台（"电鸟"）、机械系统综合试验台（"铁鸟"）、电气系统综合试验台（"铜鸟"）、环控系统综合试验台等。也可将这些试验环境联合成为全机系统综合试验台，进行飞机级的功能交联试验验证。

复杂系统的集成和验证，通常是通过一系列迭代的集成和试验步骤来实现。最初在试验室中，系统的虚拟原型是通过虚拟子系统（软件和硬件仿真模型）而不是计划的实际子系统来创建的。

整个系统的虚拟样机用于记录输入，以便为以后更真实的整个系统的装配模型记录输入，并指定所需的子系统输出。然后使用这些输入来运行装配模型，并根据期望的输出进行测试。如果设计和实现是正确的，测试的结果应该与使用虚拟样机模型得到的结果相同。如果结果相同，则首次装配时的实际系统很有可能正常工作。所有这些都意味着，子系统的中间模型的设计应与最终构型中的输入和输出具有相同的精度和兼容性。显然，这是一个工程挑战。

最后，将每个虚拟子系统替换为一个真实的子系统，并对原型真实系统进行测试和验证，以满足相关的系统需求。

这种不断发展的结构就是系统集成试验环境。由于该活动使用来自系统设计阶段、系统实施阶段以及供应商的模型，因此必须在开发过程的早期就规划和创建系统集成试验环境。

典型的系统集成试验环境由多个模拟器、试验台，以及由确认与验证工程师管理的控制中心组成，确认与验证工程师提供一系列的试验场景。系统集成试验环境可用于运行集成试验，包括多部件集成试验（MEIT）和飞行部件集成试验（FEIT），以及进行集成软件负载试验和验证系统架构。此外，还可以使用系统在环（SIL）试验进行早期的硬件/软件集成试验，并为系统操作员和用户人员培训提供便利。

由于系统集成试验环境可以在系统全生命周期内提供一个可用的集成试验环境，因此它具有降低风险的好处。具体地说，它构成了一个测试接口符合性和互操作性能力的平台，并降低了系统生命周期后期的大规模试验（如破坏性试验、系统对系统交联试验）的失败风险。

7.2.2　机上地面集成试验环境

机上地面集成试验环境，一般是指飞机在环（AIL）试验环境。它主要用于支持飞机整机在环综合验证。飞机在环试验技术是一种先进的飞机整机地面试验技术，它最初是由 B 公司提出的。它的出现改变了飞机系统研发的传统开发手段，通过硬件在环仿真系统模拟飞机的各种运行工况，可以对飞机各系统的性能进行测试和评估，为飞机系统的开发及部件的性能检测提供了方便快捷的途径，有利于实现"天上的试验地面做"，从而降低试验成本和缩短试验周期。

飞机在环试验验证理念如下：

a. 真实的飞机机载环境；

b. 所有电子 LRU 都是真实的并进行了真实连接；

c. 提供给飞行员尽量真实的模拟飞行试验环境。

飞机在环试验环境主要由真实飞机、可移动视景系统、可移动式方舱、机载数据测试系统以及配套产品组成。具体如图 7 - 1 所示。

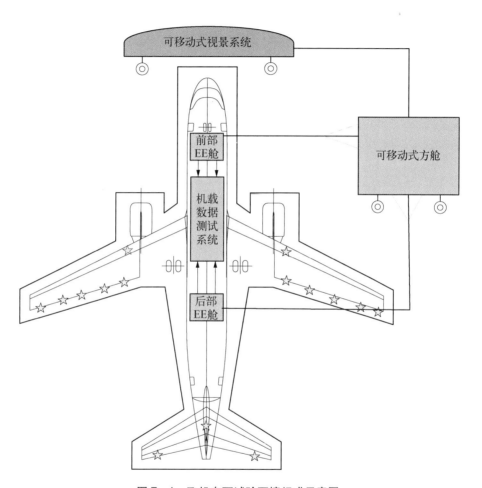

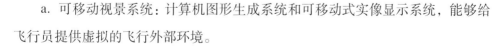

图 7 - 1　飞机在环试验环境组成示意图

a. 可移动视景系统：计算机图形生成系统和可移动式实像显示系统，能够给飞行员提供虚拟的飞行外部环境。

b. 可移动方舱：能够实时计算飞机运动方程、大气环境、起落架仿真模块、刹车系统仿真模块、发动机仿真模块、环控仿真模块等，同时能够激励大气数据传感器、惯导系统、无线电导航系统、通信系统等。

　　c. 机载数据测试系统：能够实时计算机载系统仿真模型，能够实时采集和监控机载系统，能够进行实时仿真和模型比较，快速监控诊断。

7.3　飞机和系统集成试验描述编制

7.3.1　目的

　　此活动的目的是编制一套包含一组测试用例程序和相关信息的系统集成试验大纲文档，一般也称系统集成试验描述（SysITD）。这些程序和相关信息是部件、子系统和使能产品集成过程所必需的，并产生一个系统架构设计和客户在系统需求中表达的所期望的系统。

7.3.2　说明

　　系统级集成测试的重点是验证内部系统接口和部件、子系统和使能产品之间的数据流，以及验证外部系统接口。此外，集成测试将验证新兴的系统级功能。

　　系统集成试验应定义集成与验证各系统测试要素（即部件、子系统和使能产品）的试验程序和环境。子系统的集成和测试是在几个迭代中执行的一个循序渐进的过程。在每一次迭代中，都会集成和测试一个额外的成熟部件。部件的添加顺序取决于它们的可用性和先前集成工作的结果。这一过程一直持续到所有部件都被集成，并被证明在真实或模拟的环境中正常工作为止。

　　在编制系统集成试验描述文档过程中，必须制订系统集成策略，规定集成方法（自上而下、自下而上、功能分组等）、集成原理以及子系统集成和测试的顺序。建议的 SysITD 文档结构如下。[21]

系统集成试验描述（SysITD）

　　第1节：范围。本节应分为以下段落：

　　1.1：标识。本文档适用的系统和软件的完整标识。

1.2：系统概述。本文档适用的系统的简介。此外，还应描述系统的特征、操作和维护，并确定系统的利益攸关方。

1.3：文档概述。概述本文档的目的和内容。

第2节：参考文档。本节应列出本文档中引用的所有文档。

第3节：接口测试说明。本节应分为几个段落，每个段落描述一个独立的集成测试用例。

3.x($x=1$，2，…，N)：集成试验小节标识符。这些小节应通过一个唯一的标识符来识别一个系统集成测试用例，说明其目的并提供简要描述。此外，每一款应提供下列有关资料：

1）硬件、软件准备工作。为系统集成测试准备硬件、软件和其他部件所需的程序。

2）满足要求。集成测试用例解决的系统需求。

3）先决条件。在执行集成测试用例之前必须建立的任何先决条件。

4）集成试验输入。描述测试用例所需的测试输入。

5）预期的集成试验结果。测试用例的所有预期测试结果。如适用，应提供中间结果和最终试验结果。

6）评价结果的标准。用于评估测试用例的中间结果和最终结果的标准。

7）集成试验程序。定义测试用例的试验程序。试验过程应该由一系列按计划实际执行顺序依次列出的单独步骤组成。

8）假设和约束。由于系统或试验条件（如时间、接口、设备、人员和数据库/数据）的限制，在描述测试用例时所作的任何假设和施加的约束或限制。

第4节：需求可追溯性。本节应包含从本系统 SysITD 中的每个测试用例到系统需求的可追溯性，反之亦然。

7.4 试验成熟度评估

作为飞机级试验室集成试验，试验的构型控制及试验准备成熟度控制是试验过程控制的重中之重，集成试验技术评估是进行过程控制的重要环节。

试验准备成熟度包含以下两项活动：

a. 构型有效性评估矩阵（CVM）。

b. 试验成熟度矩阵（TRM）。

1）构型有效性评估矩阵

试验构型包括了为完成试验任务、实现试验目的而产生的，且对试验结果会产生影响的各类试验要素的状态，如试验件（或试验模型、试验机）和试验装置的设计构型数据、制造构型数据，以及描述试验要求、试验程序或步骤等的试验任务数据定义。集成验证活动实施之前都要明确试验的构型状态，包括软件和硬件。如果试验构型状态有偏离，应提交构型偏离声明。集成验证活动实施应提交符合性说明，以保证被试系统与所定义的系统保持一致性，明确飞机/系统的集成验证状态。

试验构型控制包括：试验参试件构型控制和试验装置构型控制。

为实现 SIL 飞机级集成试验，通常主制造商会利用现有各大系统平台（如"铁鸟""电鸟""铜鸟"等），对其实施更为宏观和复杂的多鸟平台交联工作（如全机级的"三鸟联试"），从而满足飞机级全机综合。"三鸟联试"的目的是要获得与真实飞机相近的飞行操纵与系统响应，因此除发动机、压调、防火、三鸟交联网络等必须采用仿真模型的情况外，试验参试件都要求尽量为真件。此外，除了机载设备和仿真模型，试飞测试设备也是国外主制造商"Aircraft0"平台的重要组成部分。"Aircraft0"平台的试飞测试设备和线缆布置应尽量和机上测试改装的情况一致。

鉴于试验室构型评估是一项重要而复杂的工作，需要全面考虑机载设备、线缆和管路布置、仿真模型和外部数据等。根据国外民机主制造商的构型评估经验，三鸟构型评估过程中可以采用构型评估矩阵，来获得完整的构型评估信息（见表 7-1）。

表 7-1　系统交联试验构型评估矩阵示例

项目		与真实构型的差异	构型评估结果
发动机吊挂	液压泵的安装	发动机吊挂及其上的液压管路未安装	√
	发电机的安装	发动机吊挂及其上的电线未安装	√
高升力	襟缝翼作动器的负载	施加的负载覆盖了襟缝翼作动器，但不包括支架、滑架和滑轨	√
布线	布线路径	航电和驾驶舱设备远离铁鸟，关于信号传输的干扰需评估	√
电源	布线路径	铜鸟设备远离铁鸟，关于功率损失、传输特性及电磁干扰需评估	√
航电台	供电	航电台的外部供电，会影响电源系统管理、电源瞬态和故障模拟（如单发失效）的试验	√
试飞改装设备	飞行测试设备（FTI）系统	FTI 系统包含计算机、传感器和记录仪，但 FTI 工作站并未安装在试验台上	√
氧气系统	驾驶舱氧气系统	用于应急飞行状况的驾驶舱氧气系统，无法在试验台上进行试验（在试飞前试验 5 秒的要求）	√
冲压涡轮	冲压涡轮	冲压涡轮未在试验台上安装（释放功能和逻辑）	√

注：√意为可接受，×意为存在差异，须有详细影响评估。

2）试验成熟度矩阵

试验成熟度评审（TRR）是项目开发过程中极其重要的环节，《NASA 系统工程手册》将其作为项目全生命周期开发过程的 21 个重要节点之一。TRR 的主要目的是确保被试软/硬件、测试设施、测试人员、试验程序等要素为满足试验实施、数据获取及试验控制等活动做好充分的准备，TRR 必须在正式的验证试验前开展。

根据《NASA 系统工程手册》要求，TRR 的进入标准（TRR entrance criteria）有 9 大类，TRR 是否成功通过的标准（TRR success criteria）有 8 大项（见表 7-2）。

表 7-2　试验成熟度的进入及通过标准

成熟度衡量因素成熟度评估	
进　入　标　准	通　过　标　准
1. 试验目标定义清晰且文档化，所有的试验计划、过程和环境，以及试验装置的构型均支持这些测试目标	1. 为被试系统完成并批准适当的试验计划
2. 被测试的系统构型已完成定义并被认可，所有的接口均已按照被认可计划完成配置，版本描述文档在评估前已经完成	2. 完成所需试验资源的充分识别和协调
3. 所有应用功能，部件层级、子系统、系统等层级，以及质量测试已经顺利完成	3. 先前的部件、子系统和系统测试结果为进行计划测试奠定了令人满意的基础
4. 所有成熟度评估材料如试验计划、测试用例和过程均在评估前提供给所有参与方	4. 计划/能力根据需要识别并接受风险级别
5. 所有系统差异都已得到确认，并根据协商的计划进行处理	5. 记录从试验程序中学到的任何经验教训的计划
6. 所有早期设计评估标准和关键问题均根据计划得到满足	6. 试验的目标已经明确定义和记录，对所有试验计划的审查，以及试验程序、环境和构型提供了一个合理的预期，即目标将得到满足
7. 所有要求的试验人员（包括试验主管、设施、试验样件、试验仪器以及其他装置均能满足试验要求	7. 测试用例已经过预期结果的审查和分析，结果与试验计划和目标一致
8. 所有试验参与方的角色和责任都被明确和认可	8. 试验人员已接受过试验操作和安全程序方面的适当培训
9. 完成了应急试验方案，所有参与人员都得到了相应培训	

　　主制造商或设备供应商执行试验前，可以参照 NASA 给出的试验成熟度评估指南，结合某一具体试验的特点，提出试验成熟度评估矩阵，以实现试验要素等条件资源的动态控制，保证试验按计划开展。

　　一般的试验成熟度评估矩阵，可以包括但不限于下述大类，在这些大类的基础上，一般又可分出几十或上百项具体评估项：

　　a. 输入文档或活动；

　　b. 主要试验硬件；

　　c. 主要试验软件；

d. 试验基础设施；

e. 试验互联条件；

f. 外部环境参数激励；

g. 主要技术要素。

评估活动建议每周执行一次，持续跟踪各评估项目的成熟状态，并根据各项大类的不同加权统计系数得到每次评估的成熟度指数。

7.5　独立构型供应商子系统的验证

7.5.1　目的

此活动的目的是在与其他子系统集成之前，确认独立构型的供应商提供的子系统。它可以看作是子系统的验收测试。这种验证确定子系统需求是否得到满足，并经常对子系统进行进一步的强调，以确定在什么条件下可能失效，以及这种失效是如何表现的。

7.5.2　说明

建议在物理集成之前，应在独立构型中验证每个子系统。最后一步的鉴定活动应由主制造商在子系统供应商提供的适当支持下进行。当整个系统是基于包括各种子系统和使能产品的模块化结构时，最适合开展单独验证。

一个子系统的单独验证是很重要的，因为在这样的构型中，许多输入可用于干扰子系统，而更多输出可用于揭示子系统的真实行为。因此，这项活动将大大提高集成系统的可靠性和有效性。

不应试图过早地将子系统集成到最终系统构型中，并对该构型执行测试。如果集成在一起的系统工作良好，但测试又未覆盖更多的运行场景，那么就容易自动地判断该子系统工作是完美的。在这种集成的构型中进行子系统测试，很容易掩盖内部子系统的缺陷。

7.6 系统级和部件级集成试验

7.6.1 目的

这项活动的目的是验证由部件、子系统和使能产品组成的系统是否按照要求运行，并满足采购方的期望。

7.6.2 说明

系统集成试验过程应评估系统及其使能产品的能力，以评估总体完整性、功能性、可操作性和符合规定要求的情况。系统试验过程需依据各级确认的功能和需求进行试验验证，包含了针对前期模型的假设进行验证，最终根据系统验证计划，逐步完成设备级、子系统到系统级的验证和功能集成验证。部分验证过程需要反复对相关需求进行多方验证获得全面验证结果。遇到的试验问题，需要分析问题的来源，寻找根本原因。在完整性的验证过程后，才能进行后续高层级验证活动。

在上述验证过程中，应使用系统集成试验计划（SysITP）和系统集成试验描述（SysITD）对系统试验进行评估及总结。

在项目经理事先批准的情况下，部分试验可以推迟到稍后的日期。应记录跳过试验计划和更新试验计划部分的理由。集成和试验团队成员应尽可能从开发团队中抽调，因为他们具有系统方面的专业知识和经验。合理的试验团队组成也需在试验计划中说明。基础设施配置依赖于现场硬件和系统条件的试验环境。任何例外情况，如模拟接口，应在试验执行前注明。任何在发布前不能测试的需求都应记录在系统集成测试报告（SysITR）中。

对关键系统（如可能影响飞行安全）需进行集成试验成熟度评审，以确保系统本身以及系统集成试验计划、系统集成试验大纲、试验构型评估和其他文档都处于正常状态。

如果系统是在多个开发阶段开发，具有多个软硬件版本，则每个版本都应有相应的测试，在最终的版本测试完成后，须确保所有的系统需求得到满足（但并非所有的需求验证都需要在最终版本中）。

以下是集成和测试系统及其使能产品的通用程序：

系统集成试验程序

第 1 节：目标系统试验描述。系统集成试验应包括对目标系统或替代系统的试验。

第 2 节：准备系统集成试验。开发人员应准备执行集成试验所需的试验数据和程序。

第 3 节：执行系统集成试验。开发人员应进行系统集成试验。此过程应按照系统集成试验计划进行。

第 4 节：系统集成试验结果分析与记录。开发人员应分析并记录系统集成试验的结果。结果将在系统集成试验报告中汇总。

7.7 飞机级系统交联试验

7.7.1 飞机集成试验规划

飞机主测试计划（MTP）应为飞机产品定义、开发、设计和取证的各个环节所涵盖的所有试验活动（试验谱）提供详细大纲，以表明产品研发的结果符合飞机定义或更改后的相关需求规范。其目标是为验证满足产品需求而提出必要的试验项目，确保费用、效率，同时确定可接受的风险等级。

主测试计划应对产品集成、实施过程中所有基本的试验活动进行合理规划，包括研发试验、鉴定试验程序（QTP）、设备、软/硬件接收试验，以及指定的飞行环境（飞行包线）下飞机的飞行与运行测试。

7.7.2 飞机集成试验任务分析

飞机级集成试验关注整体特性，验证前或验证的初始阶段将分散的功能和场景验证分配到各个系统，验证后期则需通过适合的验证场景和环境，开展多功能交联分析，从顶层整合所有功能，完成从设计需求分析，再到试验室平台集成过程，完成双 V 设计和验证闭环活动。

飞机级的验证活动须满足 MTP 中所定义的试验规划。在任务层面，通过细化试验规划的试验目标，分配验证任务到验证平台，制订试验步骤，并为试验任务制订试验结果的判据，从而使各个试验资源的活动符合整机的工作逻辑和任务场景。

试验数据是判据的来源，为判断试验结果的有效性，须记录试验数据，须明确当前试验采集的关键参数范围，涉及采集频率等特征，数据参数的定义应满足任务要求。

7.7.3　试验设施条件综合考虑

试验设施条件对试验任务的执行有极大的影响，每个独立的试验设施有其自身的特点和限制，为了完成某些高层级试验任务，个别的试验台不能完成相关的试验任务，必须进行一定的技术改造进行系统整合。必要时搭建有效的交联环境，利用现有互联互通技术、半物理仿真与实物测试融合技术，构建试验室集成环境，并完成数据互通和功能管理，提升整机功能完备程度。

试验设施条件必须保证试验的过程在物理特性上达到实际工作要求，能够产生相应的电气、信号、气动特性，以及工作交联链路的合理性，工作逻辑的完整度等。

试验设施条件的构型成熟度是试验结果的重要参考因素，需对试验设施的匹配进行相关的分析，根据试验设施制订相应的试验任务和试验程序。

7.7.4　飞机级集成试验

飞机级集成需要在完成多层级集成试验任务的基础上，根据已经定义的试验任务和场景，定义飞机级集成试验过程；此外，还涉及实现飞机整机级试验的试验室和试验环境的建设工作。

为了验证的完整性，部分试验如不能在试验室进行，则需要考虑在飞机上执行，包括机上地面试验和飞行试验，也都需要完成相应的试验任务分析和定义。

对整机验证的功能完整度和成熟度需要进行较完善的考虑，有必要在试验前对试验科目和试验程序与飞机的符合度进行专业评审，保证试验的安全。在不同安全度要求的集成环境下，有不同的验证和分析方式。

1）试验室交联试验

基于民用飞机整机试验室集成试验的理念及项目的需求，需要根据飞机与系统验证任务的场景，构建飞机级试验方案和程序。针对飞机系统的复杂性，应实施多层次、矩阵化的飞机级集成试验技术评估流程。在试验室所做的试验任务有如下几个方面：

a. 通过标准飞行（单次、多次、长时间）和严酷工况（包线边界、各种操作动作、应急场景）任务，动态地检查飞机机载系统的系统间交互逻辑特性；

b. 通过模拟飞机系统的共因故障（单系统级、多系统级），动态检查故障条件下飞机主要系统功能工作是否正常，飞机机载系统间交互逻辑特性，结合数据和告警分析相应的功能；

c. 通过飞行员的各种飞行操作，检查飞机系统与飞行员逻辑接口，对制订的首飞规划、操作程序是否合理进行初步验证，使飞行员熟悉飞行操作过程及各项要求。

2）机上地面试验

机上地面试验是进行飞行试验的基础，通过机上地面试验，可以完善飞行试验前的各项条件。具体的目的包括：

a. 验证飞机主要技术需求，找到并解决来自设计与制造的问题，定义飞机的最终构型，确保飞机符合预期需求；

b. 证明飞机级与系统级功能可靠性与运行良好，以及在设计包线下飞机符合预期安全性和适航性；

c. 向局方证明符合适航条例、专用条件和等效安全，为型号合格审定（TC）和后期交付提供证据。

机上地面试验按照试验目的可分为研发机上地面试验、适航符合性验证机上地面试验。

a. 研发机上地面试验：验证机上各系统的功能是否正确，性能指标是否满足各系统的设计要求，包括如下几个方面的试验。

机上地面试验（OATP）：飞机线缆、设备或系统安装后，在地面进行的检查线缆、设备或系统的安装、连接和功能等是否正确的一项试验工作，包括导线综合试验程序、机上功能试验程序。

实施验证试验：验证功能、需求、设计为目的的研发试验，可作为需求验证证据，如机上功能试验和应急撤离试验。飞机级机上功能试验是在真实的机载环境下，检查飞机基本功能是否正常，系统间接口是否正常，确保飞行安全，增强首飞飞行员的信心，是保证首飞安全的重要活动。应急撤离试验，主要通过全尺寸应急撤离地面演示，验证飞机满足相关的适航规章和规定的应急撤离要求。

其他试验（如飞机在环试验）：采用部分信号模拟的方式，模拟飞机空中飞行的环境，以尽可能验证更多的飞机与系统运行场景；也可利用虚拟信号链，搭建空中运行模拟环境，评估各系统在地面以及空中的工作能力，形成整机交联的功能完整度评估，为保证飞机安全飞行做准备。

b. 适航符合性验证机上地面试验：以满足 TC 适航条款为目的的试验，包括以下几个方面的试验。

地面试验：主要通过机上地面验证试验，验证系统设计对适用适航条款的符合性。

航空器检查：为了获得所需的证据资料以表明适航条款的符合性所使用的一种符合性方法，如系统的隔离检查，维修规定的检查等。

为规划全机机上地面试验架机安排、定义全机机上地面试验科目逻辑关系、统筹试验资源、制订全机集成验证策略等提供输入，飞机级和系统级有必要在型号研制早期，开展机上地面试验之前，开展机上地面试验科目规划，指导全机系统和飞机级开展机上地面试验。

3）飞行试验

飞行是系统状态复杂关联的过程，从地面阶段到空中飞行，进入了关键验证阶段，逐步推进集成工作场景，在飞行阶段验证工作能力。对飞机级的工作场景依照安全等级，逐步构建飞机功能与任务匹配验证。

飞机级飞行试验是以真机为载体，通过飞行对飞机整体以及飞机各个系统的功能和性能进行验证。它是飞机试验验证过程的最后一个环节。飞行试验包括三大类，分别是研发试飞、表明符合性试飞和适航审定试飞，其中适航审定试飞是型号检查核准书（TIA）之后，以审查方为主体的试飞试验，这里不作为规划的内容。

首飞作为新研飞机从计算机和地面试验室走向实际空中飞行的重要一步，在技术、商业乃至政治上都具有重大的意义，制订首飞任务时主要考虑的目标和原则为：安全飞行演示、飞机性能与系统检查。

首飞包括地面滑行和首飞两个试验，其中地面滑行又分为低速滑行、中速滑行和高速滑行。首飞是飞机全生命周期内第一次动态检查、验证飞机的功能和性能的过程。

首飞试验项目一般包括：低速滑行试验、中速滑行试验、高速滑行试验及首次飞行（见表 7-3）。

表 7-3　飞机首飞通用试验项目

序号	试 验 项 目	试 验 目 的
1	低速滑行试验	● 检查刹车效率 ● 检查滑行运动特性（转弯能力、直线保持能力、曲线滑行修正能力等）
2	中速滑行试验	● 抬前轮操纵能力和飞机平衡保持能力 ● 是否有有害或不利的系统或机体振动 ● 检查系统功能和相关显示
3	高速滑行试验	● 检查关键飞参的正确性（如迎角、姿态角、动/静压参数等） ● 评估起飞性能数据（如起飞距离等）

（续表）

序号	试验项目	试验目的
4	首飞	● 检查飞机的飞行性能和操稳品质 ● 检查飞机各系统/设备工作情况 ● 检查飞机是否存在异常振动 ● 初步获取气动力辨识所需飞行参数

7.8 集成试验报告编制

7.8.1 目的

此活动的目的是记录和发布系统集成试验过程的结果。系统集成试验验证部件、子系统和使能产品的集成是否成功，以及验证系统设备在端到端测试中是否正常工作。在下一阶段系统正式接收试验程序（ATP）、鉴定或适航符合性试验之前，这是一个识别和解决系统功能、性能与接口问题的机会。

7.8.2 说明

系统集成试验报告记录每个系统或部件试验的结果。它应包括系统介绍、试验目的、试验目标，以及如何进行试验的描述和试验结果。此外，该报告还应描述集成试验期间遇到的问题，以及可能需要的任何后续的试验内容。

通常，在需求验证追溯矩阵中标识的所有相关需求，均应在集成试验期间进行测试。需求和测试之间建立的严格的可追溯性，是保证系统满足所有需求的重要手段。

在每个集成试验周期完成时，应更新集成试验报告。因此，应当详细记录每次的试验结果，并列出在该集成试验被用作另一个集成试验的基础之前，必须要解决的任何问题及差异。建议的系统集成试验报告文档结构如下：

系统集成试验报告

第1节：范围。本节分为以下段落：

1.1：标识。本文档适用系统的完整标识。

1.2：系统概述。对本文档适用的系统目的的说明。它应描述系统的一般特征、操作和维护。

1.3：文档概述。概述本文档的目的和内容。

第2节：参考文档。本节应列出本报告中引用的所有文档。

第3节：试验结果概述。本节应分为以下段落，以概述试验结果：

3.1：系统的总体评估。应根据本报告中所示的试验结果提供系统的总体评估。

a. 确定试验过程检测到的所有缺陷、约束或限制。

b. 对于每个缺陷，需描述对系统和系统性能的影响，包括未满足要求的识别：

- 对系统和系统设计的影响；

- 纠正缺陷的建议解决方案/方法。

3.2：试验环境的影响。评估试验环境与系统运行环境可能不同的情况，以及这种差异对试验结果的影响。

3.3：建议改进。在被测系统的设计、操作或试验方面的任何建议改进。

第4节：详细试验结果。本节应分为以下段落，以描述每次试验的详细结果，通常由一组测试用例组成：

4. $x(x = 1, 2, \cdots, N)$：项目-测试的唯一标识。这些小节应描述每个单独的试验，并总结试验结果。总结应包括每次试验的完成状态。当完成状态表明出现故障时，应扩展描述与发生的问题相关的以下信息：

a. 对发生的问题的描述；

b. 与原始测试用例/程序的偏差（如所需设备的替换、未遵循的程序步骤、不同的输入参数）和偏差的基本原理（如有）；

c. 对每次偏离原始测试所产生的影响的评估。

7.9 系统自检有效性评估

7.9.1 目的

这项活动的目标是评估嵌入式系统中的内置自检（BIT）功能的有效性。特别是，该活动的目标是评估 BIT 是否满足其在嵌入式系统中的故障检测级别、故障隔离级别以及错误故障检测和错误故障隔离级别方面的可测试性要求。

7.9.2 说明

自检功能负责自动或手动监测、检测和隔离内部系统故障，并将此类信息传递到负责通知或预定义自动错误处理或恢复的系统部件。自检测意味着能够实时发现故障。自隔离意味着在发生故障时能识别故障元素（硬件或软件或两者）的能力。显然，隔离解决方案的要求取决于当前的系统：当需处理整个系统时，我们试图将故障隔离到特定的子系统；而当我们处理故障板卡时，我们试图将故障隔离到特定的电子部件。

现代产品，小到家用设备（如电视机），大到小轿车、卡车和飞机，在设计时几乎都会包含系统嵌入式的自检功能。例如，瑞典的货车及巴士制造商斯堪尼亚公司规定，自检必须实现 99% 的电子设备故障检出率和 100% 与关键部件安全相关的故障检出率。

此外，必须将 100% 的故障与故障的设备子系统隔离。由此可见，BIT 对测试性、可靠性、可维护性和产品质量的影响是显著的。

1）基本原理

自检控制器是接收外部命令并传输内部自检结果的器件。它会激活一个测试模式生成器来训练被测系统（SUT）。对从 SUT 接收的数据进行评估，如果数据不正确，则声明故障并将其隔离到指定的故障部件。

自检控制器根据特定的外部命令（即根据通电顺序自动启动，或是由系统操作员手动启动）或在一定时间间隔的基础上连续发出一组测试请求。一个典型的测试用例指定了 SUT 及其环境的初始状态、测试输入、预期结果和宣布 SUT 失败的标准。总的自检输出由返回的测试值、检测到的故障的性质和标识故障部件的消息组成。

2）自检类别

从根本上说主要有两种分类方式。

a. 在联机自检操作下，自检操作与正常的 SUT 操作同时发生。在这里，我们区分：① 并发联机自检（其中测试与 SUT 的正常工作同时进行）；② 瞬时非功能联机自检［SUT 在很短的时间（以毫秒计）处于非功能状态］。

b. 脱机自检操作下，当 SUT 处于空闲操作时，发生自检操作。在这里，我们再次区分：① 基于 SUT 的功能行为的功能离线自检（黑盒测试）；② 基于 SUT 结构的结构性离线自检（白盒测试）。

3）自检等级

按照自检操作发生的特定环境，我们区分了自检操作的三个级别。

a. 运行自检。这个自检用于在正常运行期间诊断系统。自检的目的是检测和隔离故障到现场可更换的单元。

b. 生产自检。这个自检的目的是在制造阶段诊断 SUT。新制造的微芯片、电子板卡、部件、子系统和系统使用不同的自检等级，能够检测和隔离故障，直到适当的可更换部件。

c. 使用维护自检。这个自检用于在仓库中进行存储期间对系统的诊断。这个自检的目的是检测和隔离故障，直到可更换板卡和部件。

4）自检问题

自检在制造过程中，以及在系统生命周期的使用和维护阶段，都对产品质量有很大的影响。尽管如此，它也容易出现一些明显的问题。

首先，它不可避免地需要额外的硬件和软件，增加了开发和制造的成本，延长了周期，通常还伴随着一些操作开销、性能下降和 SUT 内的时间问题。

此外，它还带来了另一个问题：这个问题与检测到的错误有关，而事实上不存在错误（Ⅰ型或 α 型错误）；相反，有时自检测不到错误（Ⅱ型或 β 型错误）；

还有一种问题则是自检错误来源于一个错误部件的隔离。

7.10 集成试验报告同行评审

7.10.1 目的

本活动的目的是通过严格的工程实践来评估系统集成试验报告文档，以检测和纠正问题。

7.10.2 说明

同行评审一般是指产品的开发人员和少数同行（也可以是共同参与的开发人员），为了评价其技术内容和质量而对文档和产品进行评审的一种评审形式。通过同行评审对系统产品进行验证，增加了识别缺陷的可能性。事实上，这种方法被认为是最有效的评估方法。同行评审不同于正式的项目评审，后者通常由技术经理进行，有时也有客户在场。

在同行评审环境中，对系统集成试验报告文档的评估通常按照以下阶段进行：

    a. 规划同行评审；

    b. 在个人基础上准备同行评审；

    c. 进行同行评审；

    d. 执行同行评审跟踪活动。

8 合格审定过程的确认与验证

8.1 合格审定的基本概念和基本过程

型号合格审定（TC）是中国民用航空局对民用航空产品（指民用航空器、航空发动机或者螺旋桨）进行设计批准的过程（包括颁发型号合格证及对型号设计更改的批准）。

从申请到颁证，型号合格审定过程包括以下五个阶段：项目受理和启动；要求确定；符合性计划制订；符合性确认；颁证。

对于小的项目，以上这些阶段可能被压缩或合并。如果从航空产品的全生命周期角度考虑，则还应加上颁证之后的证后管理阶段。

各个审定阶段的主要工作内容和关闭条件如表8-1所示。

表8-1 审定各阶段主要工作内容和关闭条件

阶段	一	二	三	四	五
描述	项目受理和启动	要求确定	符合性计划制订	符合性确认	颁证
主要工作内容	申请，受理，一般熟悉性介绍	首次型号合格审定委员会（TCB）会议；审查组熟悉性会议	审查审定计划，确定局方审查重点和方式方法	审查组对申请人的符合性表明工作进行验证	最终TCB会议；颁证

（续表）

阶段	一	二	三	四	五
关闭条件	受理申请：组建 TCB 和审查组	审查组完成技术熟悉工作；初步确定审定基础；相关问题纪要起草	完成审定计划或专项合格审定计划	完成局方验证和确认工作（文档评审、试验目击、审定飞行试验等）	完成型号审查报告；颁发型号合格证

表 8-1 给出了型号合格审定各个阶段的主要工作事项，并反映了它们之间的顺序，适用于所有的型号合格审定项目。其他机载产品和零部件的合格审定过程也类似。本文以整机的型号合格审定为主要对象阐述其中的原理和过程。

8.2 航空产品研发过程与审定过程的关系

航空产品，特别是整机产品，它们的生命周期一般包括论证、研发、生产、使用、淘汰报废等阶段，每一阶段都有各自的活动、困难和目标。例如，在生产阶段，主要困难集中在如何确保承诺的产品高质量、按时交付和持续降低成本。在使用阶段，飞机由客户运营，主要困难在于如何保证尽可能低的使用成本、尽可能高的签派可靠性，以及如何保持高的资产价值。

研发阶段相较于航空产品生命周期的其他阶段，有一些明显不同的活动。这一阶段具有如下特征：最终结果在开始时是不完全清楚的；工业部门起主要作用；各项活动高度互联；各不同技术专业之间的依赖关系极其复杂；必须实施各种迭代步骤的设计闭环。

一般来说，飞机研制从项目启动到首架飞机交付客户所用的时间，全新设计的飞机是 6~8 年，改型产品是 28~40 个月。整个研发过程一般分成如下几个阶段。

（1）第一阶段：概念设计阶段

在本阶段，型号合格审定项目申请人没有正式提出申请，审查方也没有正式受理并开展审查。双方主要在组织机构层面相互了解、在型号项目层面彼此熟悉。审查方在此阶段主要向申请人提供政策和法规方面的指导和帮助。申请人可以根据自身条件、以往研发经验、投资管理方要求等因素，在概念设计阶段设立更多子阶段和更多的里程碑节点。例如，概念设计阶段还可以被细分成立项论证阶段、可行性论证阶段。在概念设计阶段完成时，申请人要达到的主要技术目标是，形成符合市场需求并且在技术上和经济上可行的飞机级概念设计方案（一般是多个备选方案）。在概念设计阶段完成时，申请人要达到的主要适航管理目标是，形成适航取证策略和取证方案。在概念设计阶段完成时，申请人应明确飞机的构型（通常用描述性语言及文档）并建立进入构型管控。

在概念设计阶段明确飞机的构型，是因为概念设计阶段必须完成的一项主要工作是，飞机的推广或者用户对新飞机的关注和要求。对于民机来说，不存在类似军机那样明确的战术指标（因为军方是直接用户），而是需要飞机设计团队收集意向用户的要求，并且用户之间的要求很可能在某些方面存在冲突，因此正确识别用户的需求、考虑产品的竞争性对新型号的立项或者寻求投资是有重要意义的，往往这些工作体现了设计团队的核心竞争力，同时也确保型号的可行性。

概念设计阶段定义的飞机构型是动态的，是一个迭代和反复的过程，直到最终构型的确定，进入初步设计阶段。构型管控的目的是，尽量固化已完成的主要概念设计工作，并留有一定的修改余地。

（2）第二阶段：初步设计阶段

在本阶段，申请人作为飞机产品的研发单位，初步设计阶段可能是飞机产品型号申请人最重要的研发阶段。在初步设计阶段，申请人应该完成飞机级和系统级的架构设计，形成飞机级和系统级设计方案，并向供应商提出明确的采购需求。在初步设计阶段完成时，申请人应完成并通过初步设计评审（PDR），应将型号的功能基线完全冻结，并应明确建立分配基线。初步设计阶段，申请人应当适时向审查方提出型号合格审定申请，并在审查方正式受理之后，配合审查方开展熟悉性审查工作。申请人的初步设计阶段后期与审查方的要求确定阶段存在并行工作，审查方根据申请人冻结的功能基线和基本确立的分配基线，确定该型号的审定基础。

通过与供应商的联合工作，将飞机级和系统级的各种需求传递到供应商或合作伙伴。联合工作中，将逐步实现飞机的详尽定义，包括飞机级功能需求、功能架构、分配给系统的需求、可能的系统架构，直到与供应商和合作伙伴签署技术协议或相应的合同，明确供应商的需求。同时完成初步设计阶段另一项重要的工作，明确并建立分配基线。

（3）第三阶段：详细设计阶段

在本阶段，申请人的主要设计活动和目标是在飞机级和系统级设计方案基本确定的基础上，开展设备级和零部件级的设计。在详细设计完成时，申请人要通过"关键设计评审"这一重要里程碑节点，并建立设计基线。在详细设计阶段，型号设计数据会大量产生，但是这些数据尚未用于生产制造，更没有得到验证。申请人的详细设计阶段与审查方的符合性计划制订阶段基本同步。

（4）第四阶段：试制与验证阶段

在本阶段，申请人依据详细设计结果，开展工艺工装准备、零部件加工、部件装配、系统集成、飞机总装、工程验证试验与飞行试验。在本阶段，申请人要尽快冻结分配基线和设计基线，逐步建立产品基线并最终形成完整的产品数据。在本阶段，申请人收集并构建符合性证据，为最终获得审查方批准做好充分准备。

（5）第五阶段：获颁证件阶段

在本阶段，申请人配合审查方完成最后的审查工作，支持审查方形成审查报告，取得局方正式的适航证件。

图 8-1 提供了研发阶段与审定阶段的对比关系示意。

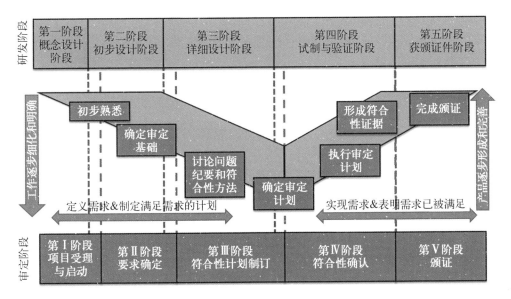

图 8-1　研发阶段与审定阶段关系对比

8.3　合格审定基础和符合性方法

合格审定基础明确规定型号合格证颁发前申请人应尽早确定表明符合性的具体民用航空规章及其版次。合格审定基础包括针对该类别航空产品的适用适航标准，以及民用航空规章中的适用航空器噪声、燃油排泄和排气排出物等环境保护要求。在双方对被审定产品或设计更改的设计特性理解一致的基础上，根据申请人的建议，审查组制订审定基础，并与申请人达成一致意见。

《民用航空产品和零部件合格审定规定》（CCAR-21-R4）第 21.17 条（一）款 1 项规定，产品应满足适用的适航规章和环境保护要求，除非局方另有特别规定。这使得局方可通过等效安全水平结论或豁免等方式对具体项目的审定基础进行调整。此外，产品还应满足局方制订的专用条件。

型号合格审定过程中，为了获得所需的证据资料以表明其对适航条款的符合性，申请人通常需要采用不同的方法，而这些方法统称为符合性方法（MC）。为了统一审查双方的认识，以便信息交流，在整理以前的审查经验和借鉴国外的管理成果的基础上，将符合性方法汇总为表 8-2 中所示的 10 种。审查中根据适航条款的具体要求选取其中的一种或多种组合的方式来满足条款的要求。

表 8-2　符合性方法使用说明

符合性类型	符合性方法	使用说明	相关符合性文档
工程评估	MC0：符合性说明；引用型号设计文档；选择方法、系数等；定义	通常在符合性记录文档中直接给出	型号设计文档；记录的声明
	MC1：设计评审	如技术说明，安装图纸，计算方法，技术方案，航空器飞行手册等	说明；图纸
	MC2：分析/计算	如载荷、静强度和疲劳强度、性能，统计数据分析，与以往型号的相似性	分析/计算验证报告
	MC3：安全评估	如功能危害性评估（FHA）、系统安全性分析（SSA）等用于规定安全目标和表明已经达到这些安全目标的文档	安全分析
试验	MC4：试验室试验	如静力和疲劳试验、环境试验等。试验可能在零部件、分部件和完整部件上进行	试验大纲；试验报告；试验分析
	MC5：机上地面试验	如旋翼和减速器耐久性试验，环境等试验	
	MC6：飞行试验	规章明确要求时，或用其他方法无法完全表明符合性时采用	
	MC8：模拟器试验	如评估潜在危险的失效情况，驾驶舱评估等	

符合性类型	符合性方法	使用说明	相关符合性文档
检查	MC7：工程符合性检查	如系统的隔离检查、维修规定的检查等	检查报告
设备鉴定	MC9：设备鉴定	设备的鉴定是一种过程，它可能包含上述所有的符合性方法	

另外，为了便于编制审定计划和文档，给每种符合性方法赋予相应的代码。符合性方法的代码、名称、使用说明和相关符合性文档如表 8-2 所示。

8.4　审定计划编制

审定计划（CP）是申请人用来表明产品符合相关规章的预期方式。审定计划是描述飞机型号合格证申请人符合性验证工作的基础性文档。审定计划由申请人编制，提交审查方批准。

8.4.1　审定计划编制目的

根据《民用航空产品和零部件合格审定规定》的规定，型号合格证或型号设计批准书申请人在提交申请书时，应附相应的审定计划。审定计划通常由型号合格审定委员会审议，由审查组审查。

审定计划是申请人用于表明符合性的计划，对于诸如飞控系统、导航系统等复杂系统和诸如防火、闪电防护等具体试验项目，应当编制申请人的系统级审定计划。系统级的合格审定计划应充分考虑申请人的专业分工。在系统级的合格审定计划中应当结合系统设计特点和适航条款的要求，论述申请人预期如何表明符合性的说明。

8.4.2　审定计划的作用

申请人可以根据拟申请项目的复杂程度和需要，将审定计划拆分为项目级和系统级或专业/专题级。意向申请人可就审定计划的编制规划与责任审查部门进行讨论，并编制出审定计划草案。

审定计划集成了申请人的取证计划，包括项目描述、审定基础、验证方法、验证计划等详细信息，是申请人开展符合性验证活动的指导文档和依据。同时，该计划也是审查方的审查管理计划，包括审查时间表、责任分工、人力资源安排等，是局方开展审查活动的计划。同时，审查组只有在批准了系统审定计划之后才能提出系统设备制造符合性检查请求、批准系统试验大纲、目击验证试验或任何其他的审查活动。这样做的目的是确保审查组与申请人对所需的符合性验证数据或资料有相同的理解。

8.4.3　审定计划编制要求

一份典型的审定计划至少应包含以下内容：

a. 申请人、型别和申请日期等概述信息。

b. 设计方案或设计更改方案的说明，包括示意图和原理图。

c. 预期运行环境的规章（如 CCAR‑91、CCAR‑121 或 CCAR‑135）要求以确定产品的运行类别和维修大纲类型。

d. 建议的合格审定基础，包括适用规章的条、款、项，豁免、等效安全水平结论，以及专用条件等。

e. 符合性验证思路和符合性方法表。对符合性方法的描述必须充分，以确保中国民用航空局（CAAC）所需的必要数据都被收集且发现的问题都得到处理。

f. 用于表明对适用审定基础符合性的文档清单，该清单可记录符合性以表明工作的完成情况。进行这项工作时可以采用"符合性检查单"的形式，按适用于产品的规章的每一条款列出。

g. 用于生成符合性验证数据/资料的试验件和试验所需设备的清单。对于试验件，还应确定其设计特性，以此作为制造符合性检查（如尺寸或公差带信息）的具体指导；对于试验设备，还应确定试验设施的相关信息，确定试验前如何校准和批准设备。

h. 对颁发型号合格证后如何满足持续运行安全要求的描述。

i. 项目里程碑计划，如初步安全性评估报告的提交日期、符合性验证资料的提交日期、制造符合性检查和试验完成日期以及预期完成型号合格审定的日期。

j. 委任工程代表（DER）和委任制造检查代表（DMIR）的清单，其权限范围以及是否能批准资料或者仅提出批准资料的建议。

对于需将审定计划拆分为项目级和系统级或专业/专题级的情况，项目级的审定计划应包含上述典型的审定计划的所有方面，系统级或专业/专题级的审定计划则至少应包含如下方面：

a. 详细的系统或专业/专题描述，包括系统或专业/专题的设计特点、功能、示意图、子系统和/或部件的描述等。

b. 系统构型控制文档，包括选装设备文档和选装软件文档。

c. 对供应商的审查事项，包括供应商概述、供应商对申请人系统集成和项目级符合性验证的支持计划。

d. 预期的运行类型和相关的运行规章要求及其符合性考虑［例如，缩小最小垂直间隔（RVSM）的要求］。

e. 与系统或专业/专题相关的审定基础。

f. 指导材料，包括咨询通告、工业界指导材料、标准等。

g. 如何表明符合性的说明（地面试验、试飞、分析或者其他可接受的符合性方法）。对符合性方法的描述必须充分，以确定 CAAC 所需的必要数据都被收集且发现的问题都得到处理。

h. 用于生成符合性验证数据/资料的试验件和试验所需设备的清单。对于试验件，还应确定其设计特性，以此作为制造符合性检查代表确认试验件符合试验要求（如尺寸或公差带信息）的具体指导。对于试验设备，还应确定试验设置的相关信息，确定试验如何校准和批准设备。对于上述的详细信息，可引用具体的试验大纲。

i. 包括详细试验计划的试验项目，以及制造符合性检查计划。

j. 提交表明对审定基础的符合性文档清单。

k. 对持续适航问题的说明，包括对适航限制项目（ALI）或审定维修要求（CMR）的说明。

8.5 符合性确认与验证

申请人应按照审查组批准的审定计划或专项合格审定计划表明对审定基础的符合性。审查组根据确定的直接审查范围和深度开展符合性确认工作，验证设计对相关要求的符合性。从方式方法上，审查组与申请人所采用的技术方法一直都是包括工程资料的技术评审，试验验证、试飞验证等，只是在结果的符合性判定责任上由审查组承担，申请人起到支持和辅助的作用，同时整个符合性的确认与验证活动开展和符合性数据收集要按照局方规定的管理程序执行。

8.5.1 审查型号资料

审查代表根据审定基础和经批准的审定计划（CP）或签署的专项合格审定计划（PSCP），对申请人提交的型号设计资料和符合性验证资料进行工程审查。重点审查型号设计是否存在不安全因素，设计特性是否能得到充分的检查和试验。

在审查过程中，工程审查代表或委任工程代表用"型号资料评审表"记录审查过程作为审查工作记录，同时使用该表向申请人反馈对型号资料的审查意见。对于发现的重要的或有争议的问题由工程审查代表填写问题纪要（委任工程代表将发现的重要问题或有争议的问题向工程审查代表报告）。

对于待批准的型号资料，使用"型号资料批准表"进行批准。当授权委任工程代表进行审查但未授权批准时，委任工程代表在"型号资料批准表"中给出批准建议，工程审查代表审核后在该"型号资料批准表"中进行批准。当授权委任工程代表批准时，委任工程代表在"型号资料批准表"中进行批准。当未授权委任工程代表审查或批准，而由工程审查代表直接审查和批准时，工程审查代表直接使用"型号资料批准表"进行批准。

8.5.2 检查工程符合性

当不能通过审查图纸或报告来确定产品的设计及安装的某方面对审定基础的符合性时，应当进行工程符合性检查。

a. 工程符合性检查用于确定设计对于规章的符合性，审查产品上的安装及其与其他安装之间的关系。通过工程符合性检查，确保系统和部件之间的相互协调并满足适用的适航规章。

b. 具体的检查类型。进行工程符合性检查之前，必须确认被检查的对象符合其型号设计。工程审查代表应做好工程符合性检查结果的记录。工程符合性检查可委托委任工程代表进行，但是委任工程代表必须得到适当的指导以能代表工程审查代表有效地进行检查并得出结论。

a）客舱内部检查。航空器内部的工程符合性检查一般要比其他的工程符合性检查复杂，主要是因为航空器内部涉及多个条款要求，如应急照明、应急出口布置、通告信号、过道宽度、驾驶舱操纵器件、废物箱、标牌，以及乘务员保护等。工程审查代表需非常熟悉当前有效的规章和政策，在进行舱内符合性检查过程中，根据检查结果做出正确的判断。

b）操纵系统检查。进行操纵系统的工程符合性检查，以确认操纵的灵活性、操纵元器件的强度、干涉检查或操纵系统部件连接处的偏转情况。

c）防火检查。易燃流体对防火要求的符合性需要用检查来确保易燃流体输送管道与点火源保持了合适的分离和隔离。

d）系统管线敷设检查。液压和电气系统的管线敷设需要用检查来确保管路和线路得到了适当的支撑固定和隔离。

8.5.3　审查工程验证试验和试飞

航空产品型号合格审定过程中的试验分工程验证试验和飞行试验，典型的工程验证试验有：零部件鉴定试验、系统功能试验、铁鸟试验、疲劳试验、燃烧试验、起落架落震试验、地面振动试验、电磁干扰试验和航空器地面验证试验等。其一般审查要求如下：

a. 对于已批准的审定计划或已签署的专项合格审定计划中确定的验证试验项目，申请人应在验证试验前足够长的时间内，向审查组提交试验大纲，以便工程审查代表能在试验开始前完成试验大纲的审查和批准，试验大纲应至少包含但不限于如下内容：

a）试验目的（包含拟验证的适航条款）；

b）试验依据；

c）被试对象即试验产品的说明（包括试验产品构型、试验产品在试验装置上的安装、有关图纸编号等）；

d）试验中使用的所有试验设备清单及校验和批准说明；

e）测试设备及其精度；

f）对试验产品和试验装置的制造符合性要求；

g）该试验预期如何表明对拟验证条款符合性的说明；

h）试验步骤；

i）试验成功判据；

j）记录项目；

k）异常情况的处理等。

b. 工程审查代表或得到特殊授权的委任工程代表用型号资料批准表批准试验大纲后，对于已纳入制造符合性检查计划的试验产品和确定进行符合性检查的试验装置，将相应地发出制造符合性检查请求单。当申请人出于制造周期的考虑需要对某些试验产品先行制造时，该试验产品图纸须报工程审查代表或委任工程代表审查和认可（申请人应提供试验的有关信息以便于审查代表或委任工程代表接受试验产品的设计）。在此情况下，工程审查代表或委任工程代表可在批准试验大纲前发出试验产品的制造符合性检查请求单。制造符合性检查请求单发出后，如试验产品有实质性的设计更改，则申请人应将试验件图纸重新报工程审查代表或委任工程代表审查和认可，工程审查代表或委任工程代表应根据需要对制造符合性检查请求单进行修改。

c. 对于已纳入制造符合性检查计划的试验产品和确定进行符合性检查的试验装置，申请人提交试验产品和试验装置进行验证试验时，应向审查组制造符合性检查代表或委任制造检查代表提交制造符合性声明。制造符合性检查代表或委任制造检查代表按工程审查代表或委任工程代表发出的制造符合性检查请求单和申请人提交的制造符合性声明对试验产品（试验件零件、部件、安装过程、功能试验等）、试验装置（试验产品的安装、试验设备和试验设施等）和人员资格等进行检查，确保试验产品和试验装置符合工程图纸和试验大纲。检查结果记录在制造符合性检查记录表里，并根据制造符合性检查请求单的要求对试验产品签发批准放行证书/适航批准标签。

d. 工程审查代表评估局方制造符合性检查结果对试验的影响，以判断试验产品、试验装置状态是否满足开展验证试验的要求。工程审查代表负责在验证试验开始前处理所有的制造偏离。并且工程审查代表要确认涉及试验产品及其安装的更改或改装的型号设计资料或试验大纲的更改是否已经发放并得到认可和/或批准。

e. 除非审查组同意，试验产品、试验装置从提交制造符合性声明表明符合型号资料至开展验证试验这一段时间内不得进行更改。如有任何更改，需重报工程审查代表认可，必要时将重新进行制造符合性检查。

f. 对于目击验证试验，审查代表在目击过程中，要核查试验是否遵循了经批准的试验大纲中所规定的试验步骤，试验仪器在试验中采集的数据对于试验是否有效。如果试验持续时间很长，现场目击的审查代表则至少应目击试验中最重要的或最关键的部分，并进行试验后的检查。

g. 对于目击试验过程中发现的问题，审查代表将以试验观察问题记录单立即通知申请人、负责该项目的审查代表（委托其他代表目击时）、专业/专题组组长（如设有）或审查组组长。该表由审查代表填写，用于记录试验中检查发现的问题。如有必要中止目击试验时，审查组组长或设有的专业/专题组组长签署后正式通知申请人。当中止原因排除后，申请人应向审查组提出恢复试验的报告，经审查组同意后才能恢复试验。

h. 当负责试验项目的工程审查代表不能目击试验时，应填写制造符合性检查请求单委托其他有资格的工程审查代表或委任工程代表，或请求制造符合性检查代表代替其目击试验。当制造符合性检查代表或委任工程代表目击试验时，负责试验项目的工程审查代表应向他们提供关于试验大纲的适当说明和参考文档。在没有事先与负责试验项目的工程审查代表协调的情况下，受委托的目击人员不能目击任何试验。

i. 试验结束后，在现场目击的审查代表应在 10 个工作日内写出试验观察报告，简述试验结果和发现的问题以及申请人的处理措施。受委托的人员应将试验观察报告交给负责该项目的工程审查代表。

j. 申请人提交工程验证试验报告给工程审查代表审查批准。

8.5.4 批准符合性报告

符合性报告是申请人证明其型号设计对审定基础符合性的一种途径。在制订审定计划或专项合格审定计划时，申请人应与审查组就应编写的符合性报告达成一致意见，并列入审定计划或专项合格审定计划和符合性检查清单中。

符合性报告应提供相关的证据，从适航要求出发直到产生符合性声明结论这样一个逻辑顺序，解释说明证据的内在联系，进行符合性论证。当符合性论证足以令审查代表信服适航要求已经得到满足时，申请人就表明了相关的符合性，审查代表将对相关的符合性报告正式批准。

附录 缩略语表

AAD	aircraft architecture document	飞机架构描述文档
AC	advisory circular	咨询通告
ADRO	aircraft development requirements and objects	飞机研制需求与目标
AFDS	autopilot and flight director system	自动飞行导引系统
AIL	aircraft-in-loop	飞机在环
ALARP	as low as reasonable practice	最低合理可行风控原则
ALI	air worthiness limitations item	适航限制项目
AMS	acquisition management system	采办管理系统
ARD	aircraft-level requirements document	飞机级需求
ARS	allocated requirements set	已分配需求集
ASA	aircraft safety assessment	飞机安全性评估
ATA	Air Transport Association	美国航空运输协会
ATP	acceptance test procedure	接收试验程序
ATR	acceptance test review	接收试验评审
BIT	build in test	自检
BRO	business requirements and objects	商业需求与目标
CAAC	Civil Aviation Administration of China	中国民用航空局
CAIB	Columbia Accident Investigation Board	哥伦比亚事故调查委员会
CCA	common cause analysis	共因分析

CDR	critical design review	关键设计评审
CI	configuration items	构型项
CMA	common mode analysis	共模分析
CMR	certification maintenance requirements	审定维修要求
ConOps	concept of operations	运行概念
COTS	commercial off-the-shelf	商用货架产品
CP	certification plan	审定计划
CVM	configuration validity matrix	构型有效性评估矩阵
DAL	design assurance level	研制保证等级
DAR	design analysis reports	研制分析报告
DBD	design based data	设计数据集
DER	designated engineering representative	委任工程代表
DoD	Department of Defense	美国国防部
DMIR	designated manufacturing inspection representative	委任制造检查代表
DMU	digital mock-up	数字样机
EICD	electrical interface control document	电气接口控制文档
EIRD	equipment installation requirements document	设备安装需求文档
EMC	electromagnetic compatibility	电磁兼容性
EMI	electromagnetic interference	电磁干扰
ETOPS	extended-range twin-engine operational performance standards	双发延程运行标准
FAA	Federal Aviation Administration	美国联邦航空管理局
FAAP	first article acceptance plan	首件验收计划
FAST	FAA acquisition system toolset	FAA 采办系统工具集
FDAL	functional development assurance level	功能研制保证等级
FEIT	flight element integration testing	飞行部件集成试验

FICD	functional interface control document	功能接口控制文档
FRD	functional requirement document	功能性需求文档
FHA	functional hazard assessment	功能危害性评估
FMEA	failure mode and effects analysis	故障模式和影响分析
FMES	failure mode effects summary	故障模式影响总结
FTA	fault tree analysis	故障树分析
FTI	flight test installation	飞行测试设备
GOTS	government off-the-shelf	政府现货供应
HSI	human and system integration	人机系统集成
HWCI	hardware configuration items	硬件构型项
ICD	interface control document	接口控制文档
ID	IDentity	身份标识
IDAL	item design assurance level	部件研制保证等级
IEHA	internal and environmental hazard assessment	内部和环境危害分析
IMP	integration master plan	主集成计划
INCOSE	International Council on Systems Engineering	系统工程国际委员会
IPP	integration plan of project	项目集成计划
IPT	integration plan of technology	集成技术规划
IRD	interface requirements document	接口需求文档
IRM	impact risk model	影响风险模型
KPP	key performance parameters	关键性能参数
LRU	line replaceable unit	航线可更换单元
MBSE	model-based system engineering	基于模型的系统工程
MC	means of compliance	符合性方法
MEIT	multi-element integration testing	多部件集成试验
MOE	measures of effectiveness	效能测量指标
MOP	measures of performance	性能测量指标

MTBF	mean time between failure	平均故障时间
MTP	master test plan	主测试计划
MVP	master verification plan	主验证计划
NASA	National Aeronautics and Space Administration	美国国家航空航天局
NFRD	non-functional requirement document	非功能性需求文档
NIAT	NASA integration action team	NASA 综合行动小组
NPR	NASA procedure requirements	NASA 程序要求
OATP	on aircraft test procedure	机上地面试验
OCE	office of the chief engineer	总工程师办公室
PAP	produce acceptance plan	生产验收计划
PASA	preliminary aircraft safety assessment	初步飞机安全性评估
PBS	product breakdown structure	产品分解结构
PDR	preliminary design review	初步设计评审
PFCS	primary flight control system	主飞控系统
PICD	physical interface control document	物理接口控制文档
PRA	particular risk analysis	特定风险分析
PS	production specification	产品规范
PSCP	project specific certification plan	专项合格审定计划
PSSA	preliminary system safety assessment	初步系统安全性评估
PTS	purchase technical specification	产品采购规范
QA	quality assurance	质量保证
QTP	qualification test procedure	鉴定试验程序
RE	requirements engineering	需求工程
RF	radio frequency	射频
RFI	radio frequency interference	射频干扰
RFP	request for proposal	技术邀标文档
RVSM	reduced vertical separation minimum	缩小最小垂直间隔

RVTM	requirements verification trace matric	需求验证追溯矩阵
SAD	system architecture document	系统架构文档
SAE	Society of Automotive Engineers	美国汽车工程师学会
SDD	system description document	系统设计描述文档
SID	system interface document	系统接口文档
SDP	system development plan	系统研制计划
SDR	system design review	系统设计评审
SE	systems engineering	系统工程
SEMP	system engineering management plan	系统工程管理计划
SEP	system engineering plan	系统工程计划
SFC	specific fuel consumption	耗油率
SFHA	system functional hazard assessment	系统功能危害性评估
SIL	system-in-loop	系统在环
SIRD	system installation requirements document	系统安装需求文档
SRD	system requirements document	系统需求文档
SRR	system requirements review	系统需求评审
SRS	system requirement specification	系统需求规范
SSA	system safety assessment	系统安全性评估
STLDD	software top level design document	软件顶层设计文档
STP	software test plan	软件测试计划
SUT	system under test	被测系统
SWRD	system wiring requirements document	系统布线需求文档
SysITD	system integration test description	系统集成试验描述
SysITP	system integration test plan	系统集成试验计划
SysITR	system integration test report	系统集成试验报告
SysRS	system requirements specification	系统需求规范
SysTD	system test description	系统测试说明

T&E	test and evaluation	测试和评估
TC	type certification	型号合格审定
TCB	type certification board	型号合格审定委员会
TBD	to be determined	待定
TEMP	test and evaluation management plan	测试和评估管理计划
TIA	type inspection authorization	型号检查核准书
TLSRD	top level system requirement document	顶层系统需求文档
TRM	test readiness matrix	试验成熟度矩阵
TRR	test readiness review	试验成熟度评审
UICD	user interface control document	用户接口控制文档
UERF	uncontained engine rotor failure	非包容发动机转子故障
UML	unified modeling language	统一建模语言
V&V	validation and verification	确认与验证
VRR	verification readiness review	验证成熟度评审文档
WTF	wheel & tire failure	轮胎爆破
ZSA	zonal safety analysis	区域安全性分析

参考文献

［1］ SAE. Guidelines for development of civil aircraft and systems：ARP4754A ［S/OL］. ［2023 - 06 - 18］. https：//www. sae. org/standards/content/arp4754a/.

［2］ 杰里米・迪克，伊丽莎白・赫尔，肯・杰克逊. 需求工程 ［M］. 李浩敏，郭博智，等，译. 上海：上海交通大学出版社，2019.

［3］ ALTFELD H-H. Commercial aircraft projects：managing the development of highly complex products ［M］. New York：Routledge，2010.

［4］ Systems and software engineering-system life cycle processes：ISO/IEC/IEEE 15288：2015 ［S/OL］. ［2023 - 05 - 17］. https：//www. iso. org/standard/ 63711. html #：~：text = ISO% 2FIEC% 2FIEEE% 2015288% 3A2015% 20establishes% 20a% 20common% 20framework% 20of% 20process，level% 20in% 20the% 20hierarchy% 20of% 20a% 20system% 27s% 20structure.

［5］ ANSI/EIA. Processes for engineering a system：ANSI/EIA 632 - 2003 ［EB/OL］. ［2023 - 06 - 17］. https：//sebokwiki. org/wiki/ANSI/EIA ＿ 632 #：~：text = This% 20US% 20standard% 20defines% 20processes% 20used% 20in% 20the，supply% 2C% 20system% 20design% 2C% 20product% 20realization% 2C% 20and% 20technical% 20evaluation.

［6］ RTCA. Software considerations in airborne systems and equipment certification：DO - 178 ［S］. 1992.

［7］ RTCA. Design assurance guidance for airborne electronic hardware：DO - 254 ［S］. 2000.

［8］中华人民共和国工业和信息化部. 民用飞机研制程序：HB8525－2017 ［S］. 2017.

［9］WALDEN D D, SHORTELL T M, ROEDLE G J, et al. INCOSE System engineering handbook—a guide for system life cycle process and activities ［M］. 5th Edition. Hoboken：Wiley, 2023.

［10］NASA. NASA systems engineering handbook：SP－2016－6105 Rev2 ［EB/OL］. ［2023－05－17］. https：//www. nasa. gov/sites/default/files/atoms/files/nasa_ systems_ engineering_ handbook_ 0. pdf

［11］FAA. FAA system engineering manual version 1. 0. 1 ［EB/OL］. ［2023－05－17］. http：//everyspec. com/FAA/FAA-General/FAA_ NAS_ SEM_ VER3--1_ 11OCT2006_ 18720/.

［12］BUUS H, MCLEES R, ORGUN M, et al. 777 Flight controls validation process ［C］. Proceedings of 14th Digital Avionics Systems Conference, Cambridge, MA, USA, 1995：394－402.

［13］中华人民共和国国家质量监督检验检疫总局. 系统与软件工程　系统与软件质量要求和评价（SQuaRE）第 10 部分：系统与软件质量模型：GB/T 25000. 10－2016 ［S］. 2016.

［14］国家市场监督管理总局. 系统与软件工程　系统生存周期过程：GB/T 22032－2021 ［S］. 2021.

［15］中国人民解放军总装备部. 武器装备研制系统工程通用要求：GJB8113－2013 ［S］. 2013.

［16］孙安宏，成伟，王敏，等. 系统安全 ［M］. 北京：中国民航出版社, 2019.

［17］中华人民共和国国家质量监督检验检疫总局. 系统工程 系统工程过程的应用和管理：GB/T 26240－2010 ［S］. 2011.

［18］国防科学工程技术委员会. 系统安全工程手册：GJB/Z 99－97 ［S］. 2010.

［19］贺东风，赵越让，郭博智，等. 中国商用飞机有限责任公司系统工程手册 ［M］. 6 版. 上海：上海交通大学出版社, 2022.

［20］柯林·胡德，西蒙·维德曼，斯坦凡·菲什廷格，等.需求管理：需求开发与系统工程各领域的接口［M］.李浩敏，陈迎春，张莘艾，等，译.上海：上海交通大学出版社，2019.

［21］ENGEL A. Verification, validation and testing of engineered systems［M］. Hoboken：John Wiley & Sons, Inc. 2010.

索　引

A

安全性需求　8

B

被测系统　219
部件研制保证等级　97

C

采办管理系统　74
操作需求　9
测试和评估　73
测试和评估管理计划　119
产品分解结构　13
产品规范　78
产品技术需求　8
产品确认方法　58
产品确认过程　20
产品验证过程　62
产品验证证明　62
初步飞机安全性评估　95
初步设计评审　81
初步系统安全性评估　95

D

待定　180
电磁干扰　192
电磁兼容性　181
电气接口控制文档　173

F

飞机级/使能体系级需求　11
飞机架构　9
飞机架构描述文档　138
飞机商业需求与目标　11
飞机研制需求与目标　11
飞机在环　204
非包容发动机转子故障　142
非功能性需求文档　13
非研制产品　176
符合性报告　236
符合性方法　228

G

哥伦比亚事故调查委员会　55
功能架构　31
功能接口控制文档　154
功能危害性评估　39
功能性需求文档　13
功能研制保证等级　26
共模分析　171
共因分析　140
构型有效性评估矩阵　208
故障树分析　43
关键设计评审　80
关键性能参数　155
国际系统工程协会　247

H

合格审定需求　10

J

基于模型的系统工程　55
激励品质　131
集成试验报告　213
架构定义　14
假设　27
鉴定试验程序　213
接口控制文档　78
接口需求　10
接口需求文档　158
接收试验程序　194
接收试验评审　198

K

客户需求　2

L

利益攸关方　1

N

内部和环境危害分析　171
NASA 程序要求　55

Q

区域安全性分析　171
确认与验证　2

R

人机系统集成　57
软件测试计划　170
软件顶层设计文档　169

S

商用货架产品　176
设备安装需求文档　91
设计过程　2
射频　192
射频干扰　181
生产和服务需求　8
生产验收计划　119

试验成熟度矩阵　208
试验成熟度评估　207
适航审定计划　144
首件验收计划　119
数字样机　107
双发延程运行标准　13
缩小最小垂直间隔　134

T

特定风险分析　141

W

维修性需求　10
委任工程代表　231
物理和安装需求　10
物理架构　30
物理接口控制文档　154

X

系统安全性评估　43
系统安装需求文档　91
系统布线需求文档　91
系统测试说明　119
系统工程　1
系统工程管理计划　77
系统工程手册　46
系统功能危害性评估　171
系统集成试验计划　201
系统集成试验描述　206
系统架构文档　161
系统设计描述文档　106
系统设计评审　81
系统需求规范　147
系统需求评审　147
系统需求文档　23
系统研制计划　157
系统在环　204
效能测量指标　55
型号合格审定　85
型号合格审定委员会　223

性能测量指标　29

性能品质　130

性能需求　9

需求捕获　19

需求定义　6

需求分配　26

需求分析　2

需求工程　1

需求管理　6

需求确认　2

需求验证　3

需求验证追溯矩阵　48

Y

研制过程需求　8

衍生需求　2

验证成熟度评审　73

验证程序　29

验证方法　29

验证过程模型　39

验证过程目标　39

验证计划　39

验证矩阵　41

验证数据　40

验证总结　41

已分配需求集　146

硬件构型项　170

用户接口控制文档　154

预期品质　129

运行场景　22

运行概念　55

Z

政府现货供应　176

中国民用航空局　223

主测试计划　213

主验证计划　73

专项合格审定计划　224

咨询通告　1

子系统规范　181

自检测　220

大飞机出版工程

国家出版基金项目书目

一期(总论系列)书目

《超声速飞机空气动力学和飞行力学》(译著)

《大型客机计算流体力学应用与发展》

《民用飞机总体设计》

《飞机飞行手册》(译著)

《运输类飞机的空气动力设计》(译著)

《雅克-42M 和雅克-242 飞机草图设计》(译著)

《飞机气动弹性力学和载荷导论》(译著)

《飞机推进》(译著)

《飞机燃油系统》(译著)

《全球航空业》(译著)

《航空发展的历程与真相》(译著)

二期(结构强度系列)书目

《大型客机设计制造与使用经济性研究》

《飞机电气和电子系统——原理、维护和使用》(译著)

《民用飞机航空电子系统》

《非线性有限元及其在飞机结构设计中的应用》

《民用飞机复合材料结构设计与验证》

《飞机复合材料结构设计与分析》(译著)

《飞机复合材料结构强度分析》

《复合材料飞机结构强度设计与验证概论》

《复合材料连接》

《飞机结构设计与强度计算》

三期(适航系列)书目

《适航理念与原则》

《适航性：航空器合格审定导论》(译著)

《民用飞机系统安全性设计与评估技术概论》

《民用航空器噪声合格审定概论》

《机载软件研制流程最佳实践》

《民用飞机金属结构耐久性与损伤容限设计》

《机载软件适航标准 DO－178B/C 研究》

《运输类飞机合格审定飞行试验指南》(编译)

《民用飞机复合材料结构适航验证概论》

《民用运输类飞机驾驶舱人为因素设计原则》

四期(航空发动机系列)书目

《航空燃气涡轮发动机工作原理及性能》

《航空发动机结构强度设计问题》

《航空燃气轮机涡轮气体动力学：流动机理及气动设计》

《先进燃气轮机燃烧室设计研发》

《航空燃气涡轮发动机控制》

《航空涡轮风扇发动机试验技术与方法》

《航空压气机气动热力学理论与应用》

《燃气涡轮发动机性能》(译著)

《航空发动机进排气系统气动热力学》

《燃气涡轮推进系统》(译著)

《燃气涡轮发动机的传热和空气系统》

五期(民机飞行控制系列)书目

《民机飞行控制系统设计的理论与方法》

《民机导航系统》

《民机液压系统》(英文版)

《民机供电系统》

《民机传感器系统》

《飞行仿真技术》

《民机飞控系统适航性设计与验证》

《大型运输机飞行控制系统试验技术》

《飞行控制系统设计和实现中的问题》(译著)

《现代飞机飞行控制系统工程》

六期(民机先进制造工艺系列)书目

《民用飞机构件先进成形技术》

《民用飞机热表特种工艺技术》

《航空发动机高温合金大型铸件精密成型技术》

《飞机材料与结构检测技术》

《民用飞机构件数控加工技术》

《民用飞机复合材料结构制造技术》

《民用飞机自动化装配系统与装备》

《复合材料连接技术》

《先进复合材料的制造工艺》(译著)

七期(ARJ21 新支线飞机技术系列)书目

《支线飞机设计流程与关键技术管理》

《支线飞机验证试飞技术》

《支线飞机电传飞行控制系统研发及验证》

《支线飞机适航符合性设计与验证》

《支线飞机市场研究技术与方法》

《支线飞机设计技术实践与创新》

《支线飞机项目管理》

《支线飞机自动飞行与飞行管理设计与验证》

《支线飞机电磁环境效应设计与验证》

《支线飞机动力装置系统设计与验证》

《支线飞机强度设计与验证》

《支线飞机结构设计与验证》

《支线飞机环控系统研发与验证》

《支线飞机运行支持技术》

《ARJ21-700 新支线飞机项目发展历程、探索与创新》

《飞机运行安全与事故调查技术》

《基于可靠性的飞机维修优化》

《民用飞机实时监控与健康管理》

《民用飞机工业设计的理论与实践》

八期(民机先进航电系统及应用系列)书目

《航空电子系统综合化与综合技术》

《民用飞机飞行管理系统》

《民用飞机驾驶舱显示系统》

《民用飞机机载总线与网络》

《航空电子软件开发与适航》

《民用机载电子硬件开发实践》

《民用飞机无线电通信导航监视系统》

《飞机环境综合监视系统》

《民用客机健康管理系统》

《航空电子适航性分析技术与管理》

《民用飞机客舱与机载信息系统》

《民用飞机驾驶舱集成设计与适航验证》

《航空电子系统安全性设计与分析技术》

《民机飞机飞行记录系统——"黑匣子"》

《数字航空电子技术(上、下)》

九期(商用飞机系统工程系列)书目

《商用飞机研发质量管理理论与实践》

《商用飞机全生命周期构型管理》

《商用飞机驾驶舱研制中的系统工程实践》

《商用飞机系统工程实践方法(英文版)》

《基于模型的现代商用飞机研发》

《商用飞机项目风险和机遇管理》

《商用飞机确认与验证技术》